"乡愁记忆传统村落"富媒体丛书

DIXIA
SIHEYUAN

黄黎明

著

地下四合院
——河南陕县窑洞民居

河南大学出版社
HENAN UNIVERSITY PRESS

·郑州·

图书在版编目（CIP）数据

地下四合院：河南陕县窑洞民居 / 黄黎明著. — 郑州 ：河南大学出版社，
2019.1

ISBN 978-7-5649-2661-8

Ⅰ．①地… Ⅱ．①黄… Ⅲ．①窑洞－民居－研究－陕县 Ⅳ．① TU929

中国版本图书馆 CIP 数据核字（2017）第023149号

策　　划　靳开川

责任编辑　柳　涛　巩永波

责任校对　韩　璐

装帧设计　高枫叶

出　　版　河南大学出版社
　　　　　地址：郑州市郑东新区商务外环中华大厦 2401 号　　邮　编：450046
　　　　　电话：0371-86163953
　　　　　网址：www.hupress.com
印　　刷　河南瑞之光印刷股份有限公司
版　　次　2019 年 1 月第 1 版　　　　　　　　印　次　2019 年 1 月第 1 次印刷
开　　本　787mm×1092mm 1/16　　　　　　　印　张　16.75
字　　数　216 千字　　　　　　　　　　　　定　价　129.00 元

使用说明

① 检查配置

注：为保证使用流畅，请在安装之前，确认设备内预留 2GB 以上的可用容量。

苹果 iOS 平台

支持 iOS6.0 以上版本系统

支持 iPhone5 及以上

支持 iPad2 及以上（包括 Air 系列）

支持 iPad mini 系列

支持 iPod Touch5 及以上

安卓 Android 平台

支持装有 Android OS 2.2 及更高版本

系统的 ARMv6 与 FPU 构架的处理器

CPU：1000MHz 以上（双核）

GPU：395MHz 以上

RAM：2GB

②下载方法

注：安装前要确认设备处于联网状态。

用手机或平板电脑，扫描下方二维码，下载安装中国传统村落APP。下载完成后，

根据提示，扫描正版验证二维码，即可使用。

下载二维码

正版验证二维码

③见"⊟"扫图即可观看（第31、45、49页）

总　　序

近年来，人们常常提到"乡愁"这个词，如"淡淡乡愁""记住乡愁""唤起乡愁""留住乡愁"，如此等等。显然，人们已把乡愁与殷殷的桑梓之情或割舍不断的精神家园联系在了一起，使其成为中华文化根系的重要表征之一。

那么，这种种乡愁具体表现于哪些方面呢？"唯有门前镜湖水，春风不改旧时波"（贺知章《回乡偶书二首》），这是关乎自然环境的；"君自故乡来，应知故乡事。来日绮窗前，寒梅著花未？"（王维《杂诗三首》其二）这是对故园人、事的追忆；"露从今夜白，月是故乡明"（杜甫《月夜忆舍弟》），这是自古传承的审美意象；"遥夜人何在，澄潭月里行。悠悠天宇旷，切切故乡情"（张九龄《西江夜行》），这是从月夜起兴而至内在情感的直抒；还有"家在梦中何日到，春生江上几人还？川原缭绕浮云外，宫阙参差落照间"（卢纶《长安春望》），则是对故乡城池、建筑及形貌的记叙与抒写。由此观之，乡愁是一种浓重沉郁、温婉绵长的情愫，它既无形又有形，既内在亦外显，既浸润于心灵也融渗之物象，处在这特有的文化语境之中的人们都可以深切地感受到。

而那些在经年累月中形成又代代相承、相传的传统村落，无疑是这既包含着物质又漾出精神的、丰富复杂的乡愁之最重要的载体之一了。

传统村落，原称"古村落"，主要是指1911年以前所建村落。2012年9月，经传统村落保护和发展专家委员会第一次会议决定，将习惯称谓的"古村落"改为"传统村落"。有学者认为，传统村落传承着中华民族的历史记忆、生产生活智慧、文化艺术结晶和民族地域特色，维系着中华文明的根；作为我国乡村历史、文化、自然遗产的"活化石"和"博物馆"，它寄托着中华各族儿女的乡愁，是中华传统文化的重要载体和中华民族的精神家园。

近年来，中国传统村落的保护与发展问题日益受到关注。2012年，我国启动中国传统村落保护。2014年，住房和城乡建设部、文化部、国家文物局等联合发出《关于切实加强中国传统村落保护的指导意见》建村〔2014〕61号。2012、2013、2014年，先后有三批中国传统村落名录公布。2016年12月9日，第四批中国传统村落名录公布。凡此表明，这些昔日不为人识的文化宝藏，已闪烁出愈来愈鲜明的光彩。我们希望，呈现在读者面前的这套"乡愁记忆传统村落"富媒体丛书，能够洞开一扇面向世界的窗牖，让这些富有诗意和文化意味的传统村落及其保护展现在世人面前。

传统村落兼有物质与非物质文化遗产的双重属性，包含了大量独特的历史记忆、宗族传衍、俚语方言、乡约乡规、生产方式等。这些文化遗产互相融合，互相依存，构成独特的整体。它们所蕴藏的独特的精神文化内涵，因村落的存在而存在，并使其厚重鲜活；同时，传统村落又是各种非物质文化遗产不能脱离的生命土壤。在传承的历史过程中，传统村落既承载着它的文化血脉和历史荣耀，又与生产生活息息相关。在此意义上，传统村落的建筑无论历史多久，又都不同于古建；古建属于过去时，而传统村落始终是现在时。这些传统民居，富含建筑学、历史学、民俗学、人类文化学和艺术审美等多方面的重要价值，起着记载历史、传承文化的作用。

但是，在一些急功近利、喧嚣浮躁的区域，传统村落的保护面临巨大的压力，尤其是随着我国城镇化建设进程的加快，传统村落遭到破坏的状况日益严峻，加强传统村落保护迫在眉睫。"让居民望得见山、看得见水、记得住乡愁"，2013年12月召开的中央城镇化工作会议提出了这样一句充满温情的话语。如上所说,那些如古树、池塘、老井、灰墙以及涓涓细流、山川草甸等的物象,承载着无数人儿时的记忆,它是很多人魂牵梦萦的成长符号。这种作为中国人的精神家园的"乡愁",不应该随着城镇化而消失,它应当有处安放、能被守望、得以传承!

"乡书何处达?归雁洛阳边。"(王湾《次北固山下》)

"老家河南",当之无愧。中原地区是华夏文明的发源地之一,悠久的历史文化,形成了独具一格而又南北兼容的传统民居建筑特色。这些传统村落,既有其不可替代的历史文化价值,也寄托着中原儿女心头那一抹浓浓的"乡愁"。它们一方面反映了以河洛文化为中心的中原文化丰厚的历史积淀,同时也显现出其吐故纳新、厚德载物的生命活力。

河南的传统民居建筑包括窑洞、砖瓦式建筑、石板房以及现代平顶房,特色鲜明。窑洞,是由于地理、地质、气候等多种因素而形成的一种独特的民居建筑形式。"见树不见村,进村不见房,闻声不见人",三门峡地区的地坑院又是窑洞民居中一种独具特色的建筑形式。还有太行山地区的石板建筑,石梯、石街、石板房、石头墙……无不和大自然和谐共生、融为一体,堪称是河南民居中的一绝。石板岩乡所有的建筑和生活器具都是就地取材,无不体现了建筑者的智慧和对自然的尊重,形成自己独有的地方特色,形成一种极富地方文化魅力的民居建筑。同时,传统的儒家文化思想,在河南民居建筑中有着明显的体现。无论是处处可见的漏窗、木雕、砖雕、石雕,还是高大的门第和牌坊,大都镌刻有中原地区所特有的忠孝节义、礼义廉耻等传统美德故事,从厅堂到居室也大都张挂字画、楹联和警句,既使室内充满了人文气息,又潜移默化地起着警示和教育后人的作用。河南传统民居还可以看到一种"人、社会、自然"三重意义的和谐,体现出独特的儒家和谐建筑理念。河南地区至今仍保留着的传统古民居,多为明清时期所建,集建筑、规划、人文、环境于一体，是河南所在的中原文化与中国传统儒家文化重要的物质载体和文化遗产。另外，在工艺设计与建造风格上，河南民居也兼有南方之秀和北方之雄，具有独特的历史文化与艺术审美价值，值得我们进行深入地探索和挖掘。

目前，河南省共有202个村落入选中国传统村落名录。为了弘扬中原厚重的历史文化，我们策划出版了这样一套"乡愁记忆传统村落"富媒体丛书，旨在系统性、完整性、学术性地整理和展现传统村落，让更多的人了解传统村落，继承我国传统村落建筑文化，为传统村落的保护与发展，提供必备的参考与借鉴。

此外，为更好地展现中国传统村落建筑简史、村落形制、土木建筑、建筑平面与空间形态、建筑形态、民俗文化艺术等，这套丛书利用虚拟现实技术（VR）和增强现实技术（AR），以传统纸质出版物为主要载体，开发了传统村落App，使该书不但具有传统图书的形式，又包含有音频、视频、三维模型、三维动画等多种富媒体资源，利用智能终端进行全方位的深度阅读体验。

"君自故乡来，应知故乡事。"我们愿渐次展开家乡的那些美好画卷，打开故园的那些动人忆韵！当然，中国传统村落如同浩瀚无垠的宇宙，我们在有限的时间内试图抓取和整理无限的文化财富将是非常困难的。因此，我们首先选取了河南地区的部分传统村落组织出版，希望本丛书的出版发行能够起到抛砖引玉的作用，能够引起广大读者对中国传统村落的兴趣，启发更多的人了解她、走近她、思考她，进而用自己的实际行动来保护她，为后世子孙留下值得铭记和传承的珍贵遗产，以守住我们传统村落所特有的文化"基因"。

张云鹏

2018年12月

目　　录

第一章　陕县黄土窑洞综述 ／ 1

　　一、陕县黄土窑洞生成的自然环境 ／ 3
　　二、陕县黄土窑洞的分布、类型与特点 ／ 19

第二章　窑居聚落 ／ 27

　　一、窑居聚落类型 ／ 29
　　二、窑居生活：民俗与文化 ／ 39

第三章　陕县窑洞民居的典型代表——地坑院 ／ 57

　　一、地坑院的功能布局 ／ 61
　　二、地坑院的类型 ／ 85
　　三、地坑院的细部与装饰 ／ 100
　　四、地坑院的建筑特点 ／ 115

第四章　地坑院的建造 ／ 137

　　一、地坑院的建造工序 ／ 139
　　二、技术做法 ／ 145

第五章　地坑院的使用与维护 / 189

一、地坑院的结构特点 / 191

二、地坑院排水系统的营建 / 197

三、陕县窑洞常见灾害及民间防治办法 / 210

第六章　更新与发展 / 223

一、中心村落——凡村的发展变迁 / 225

二、自然村落——小刘寺的变迁 / 234

三、地坑院的困境和挑战 / 238

后　　记 / 255

第一章　陕县黄土窑洞综述

陕县位于河南省西部，隶属三门峡市，位于市区西南部。古称"陕州"，因"陕"而名——"山势四围曰陕"，《日知录》上说："陕县，有陕陌，二伯所分，故有陕东、陕西之称。"陕县历史悠久，自秦惠公十年（公元前390年）置县起，历来为州县所在地，是地方的政治、经济、文化中心。"大禹治水""周召分陕""假虞灭虢""殽之战"等著名历史事件和典故都出自这里。

陕县地处豫西丘陵山区，黄土高原东部边缘，地形复杂，地貌多变。由大河、大川、雄关、台塬、平川、深涧组合而成。陕县位于秦、晋、豫三省交界的黄河金三角地带，"雄鸡一声鸣，两省三县醒"，自古就是兵家必争的咽喉之地。陕县距三门峡市区12千米，东与渑池县交界，西与灵宝市接壤，南依甘山与洛宁县毗邻，北临黄河与山西省平陆县隔岸相望。四陕之围，两山之界，素有"南甘山北黄河山清水秀，东崤陵西函谷人杰地灵"之称。

2016年1月6日，陕县撤县并入三门峡市区，称"陕州区"。

一、陕县黄土窑洞生成的自然环境

窑洞是利用天然黄土的直立性特点开挖而成，其生成必须有得天独厚的自然环境条件：干旱少雨的气候和足够厚度的黄土层。

（一）陕县的气候特点

黄土地貌的特殊性，一方面与地理位置、地质构造有关，另一方面更和这一地区的气候有密切关系。要研究黄土地区窑洞民居的形成，则必须了解气候特征。

陕县地处中纬度的温带区域，偏居内陆，属暖温带大陆性季风气候，气候偏冷，偏旱，变化比较剧烈。冬长春短，四季分明，降雨量不大，且集中在夏季。

地貌对陕县的气候变化也起着重要作用。南部山地对夏季湿热气流向北部黄土塬内的水分输送起着一定的阻滞作用，增加了黄土塬区气候的干旱性。

1. 平均气温

平均气温包括年平均气温和四季平均气温。受纬度和季风的影响，陕县气候四季分明。一年中气温随时间呈单峰变化，连续而有规律。平均气温1月最低，7月最高，表现出冬冷夏热的特点。因2016年陕县并入三门峡市区，因此本章所采用的气温数据为三门峡市的统计数据。（见表1-1）

表1-1　三门峡四季与年平均气温

月份	1月	4月	7月	10月	全年
平均气温	／	／	25.7℃	／	14℃
日均最高气温	5℃	21℃	32℃	20℃	19℃
日均最低气温	−4℃	10℃	22℃	10℃	9℃

表 1-2   三门峡的气温

月份	平均最高气温	平均最低气温	平均降雨量	历史最高气温	历史最低气温
1 月	5℃	－4℃	5mm	16℃ (1979)	－17℃ (1958)
2 月	8℃	－1℃	7mm	23℃ (1979)	－11℃ (1990)
3 月	14℃	4℃	20mm	30℃ (1963)	－10℃ (1957)
4 月	21℃	10℃	38mm	37℃ (1994)	－2℃ (1969)
5 月	27℃	15℃	54mm	40℃ (2000)	5℃ (1965)
6 月	31℃	20℃	65mm	43℃ (1966)	12℃ (1987)
7 月	32℃	22℃	114mm	42℃ (2002)	16℃ (2003)
8 月	31℃	22℃	86mm	40℃ (1969)	13℃ (1976)
9 月	25℃	16℃	84mm	39℃ (2002)	5℃ (1970)
10 月	20℃	10℃	51mm	33℃ (1977)	－2℃ (1986)
11 月	13℃	3℃	22mm	26℃ (1979)	－8℃ (1987)
12 月	6℃	－3℃	5mm	18℃ (2008)	－13℃ (1991)

县境内气温垂直变化明显，气温由南向北递增，由西向东递减，随海拔高度变化而有差异。气温年较差比较大，年极端最高温一般出现在7月（有历史记录的年极端最高气温出现在1966年6月21日，气温是43.2℃），年极端最低温出现在1月（年极端最低气温出现在1958年1月16日，气温是－16.5℃），年极端最高气温与最低气温相差59.7℃。（见表1-2）

陕县的气温较差与其以东同纬度地区如日照相比，极端年较差一般偏大，日较差大于15℃的平均日数多，极端最大日较差大。说明陕县气候的大陆性比其以东同纬度地区更加显著。（见表1-3）

表1-3　三门峡与日照的平均年较差和极端气温

	极端最高气温		极端最低气温		极端较差
	最高值	时间	最低值	时间	
三门峡	43℃	1966年	−17℃	1958年	60℃
日照	41℃	2002年	−15℃	1958年	56℃

2. 降水

陕县年均降水量为527.2mm，低于2000年全国平均降水量633mm，比河南省平均降水量995.3mm少了47%。且时空分布不均，年际变幅大，其规律是由西向东递增，由南向北递减。北部黄土塬区降水量小。时空分布多集中于6～9月份，占全年降水量的63%。月均最大降水量出现在7月份，月均最小降水量出现在12月份。（见表1-4）

表1-4　三门峡降水量

	全年（mm）	6～9月降水量（mm）	占全年总量的百分率（%）
平均降水量	551	349	63

陕县近50年年蒸发量如图1-1所示。可以看出，1960～1980年的二十年间，年蒸发量大，平均在2300mm，最多达到了2700mm。1981～2001年期间，年蒸发量降低了很多，平均在1800mm。2001年以后的10年里，年蒸发量平均只有1200mm。近50年来，陕县年蒸发量明显呈下降趋势。

干燥系数（K）是年可能蒸发量（Em）与降水量（P）的比值（$K = Em/P$），它在一定程度上反映一个地区平均干燥状况，是衡量一个地区干旱程度的重要指标之一。多年平均年干燥指数与气候分布有密切关系，$K < 1.0$时，表示该区域蒸发量小于降水量，该地区为湿润气候；

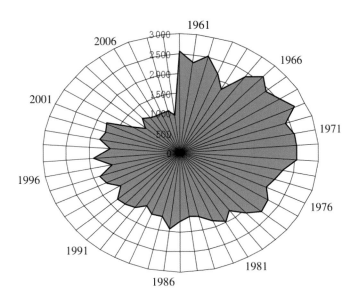

图 1-1　三门峡市 1960 ～ 2009 年来的蒸发量变化图（单位：mm）

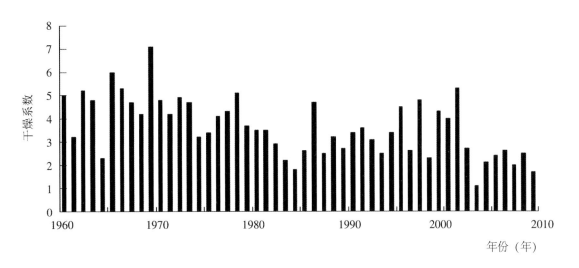

图 1-2　三门峡市 1960 ～ 2009 年干燥系数变化图

$K > 1.0$时，即蒸发量超过降水量，说明该地区偏于干燥。K越大，即蒸发量超过降水量越多，干燥程度就越严重。有研究指出：$K \geqslant 3.5$为干旱。从三门峡市历年干燥系数曲线可知，三门峡市50年中有25年$K > 3.5$，占50%。这一数据显示出陕县属于干旱少雨地区。（如图1-2）

综合气温和降水的情况来看，陕县可谓是冬季干冷，夏季炎热的干旱地区，而干旱是发展黄土窑洞的先决条件之一。

3. 湿度

陕县相对湿度具有夏秋大，冬春小的特点。这也是陕县窑洞民居夏季潮湿的原因所在。绝对湿度的季节变化与温度的季节变化基本一致，相对湿度季节变化则取决于绝对湿度的大小和温度的变化。（如图1-3）

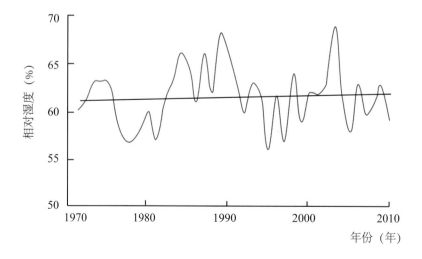

图 1-3   三门峡年平均相对湿度变化曲线

4. 日照

了解陕县日照的特点对在窑洞民居中组织利用太阳能是非常必要的。陕县窑洞中土炕多设置在窑口,就是争取阳光直射的做法。

1986~2000年陕县年平均日照为2354.3小时。年日照时数大于或等于2250小时的保证率为79%。各月的平均日照时数,高值出现在6月份,为251.5小时。低值出现在2月份,为156.7小时。(见表1-5)月变化趋势为2~6月递增,6月至次年2月递减。(如图1-4)日照时数的四季分配中,夏季日照时数多,冬季最少,春秋居中。黄土塬上日照时数较长。

表1-5   三门峡平均日照时数及日照百分率

月份	1	2	3	4	5	6	7	8	9	10	11	12
日照时数(小时)	166.7	156.8	178.8	191.3	235.9	151.5	240.5	239.5	181.9	183.1	160.8	167.6
日照百分率(%)	53	51	48	49	55	58	55	58	49	52	52	55

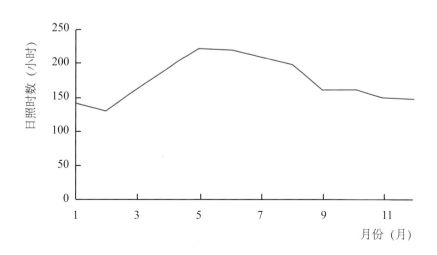

图1-4   1971～2010年三门峡市月平均日照时数变化曲线

历年平均日照百分率为53%，最高可达58%，最少仅为44%，年平均日照百分率为51%以上的年份占83%。历年各月平均日照百分率6～8月最高，可达58%，3月最低，为48%。日照百分率的地域分配与年日照时数的分配相似，仍是黄土塬上较大，南部山区较小。塬上昼夜温差大，日照时间长，土壤有机质含量高，有利于果树生长，因此，当地以出产苹果而闻名。

（二）陕县的地形地貌

陕县地处黄土高原和黄淮平原的交界处，境内山峦重叠，沟壑纵横，丘陵起伏，塬川相间。整个地势南高北低，东峻西坦，由东南向西北倾斜。地貌可分为塬川、丘陵和山区三种类型。（如图1-5）

图 1-5　陕县地貌类型图

1.塬川

　　陕县西部的塬川区位于三门峡盆地的南部盆缘，总面积为652平方千米，占全县总面积的37%，居住人口约占总人口的50%，地面由南向北呈梯级降落。塬，这种地貌在河南其他地区不多见，在陕县却十分常见。它是黄土高原受流水冲刷而形成的一种地貌，呈台状，四周陡峭，中间平坦。陕县塬区的黄土层堆积深厚，一般在50～150米，土质结构紧密，具有抗压、抗震、抗剪作用。因此，凿挖窑洞，坚固耐用，这些都为"地下挖坑，四壁凿洞"的建筑形式提供了得天独厚的条件。（如图1-6）

图1-6 黄土塬

　　黄土塬海拔最低308米，最高为1466米，相对高差为1158米，平均海拔约700米。由西向东分布有大营平原（亦称黄河大营阶地）、张汴塬、张湾川、张村塬、菜园川、东凡塬。青龙涧和苍龙涧位于三大塬之间，由南向北注入黄河。塬川区埋藏有比较丰富的地下水，且埋藏浅，易开采，是陕县集中开发的宜井区。地貌特征是"三塬夹两川"，塬面较大，川地较多，地势平坦，土壤肥沃，适宜耕作，人口众多。（如图1-7）

图1-7　陕县塬川分布图

图 1-8 青龙涧两侧的川地

张汴塬，俗称头道塬，面积49.9平方千米，位于黄土塬的最西部。张村塬，人称二道塬，是陕县三大塬中塬面面积最大、最平整的一个，东西最宽约25千米，南北最长约30千米。东凡塬俗称三道塬，面积18平方千米，是三大塬中位置靠东的一个。东凡塬被青龙涧支流分割为三个部分，又称三小塬，塬面比较破碎。

川地位于河流两岸，两座黄土塬之间的交界处。川地土壤肥沃，水资源丰富，灌溉方便，适宜耕作，素有"米粮川"之称。(如图1-8)

塬与川之间，由于长期侵蚀，黄土沟壑发育活跃，有些沟谷深达百米。人在沟中行走，如在山涧中，待登上"山顶"，则是宽阔的塬面。除了沟坡，还有平行于等高线方向的黄土台，呈台阶状分布。（如图1-9）

天然的黄土塬为当地人的居住提供了得天独厚的条件，他们沿沟坡开挖靠崖窑，平坦的塬面上修建下沉式窑洞，形成了独具特色的地下村庄。

2. 丘陵

主要分布在陕县东部，面积446平方千米，占全县面积的25.3%，居住人口约占总人口的30%。

图 1-9　塬边沟壑

图 1-10 黄土丘陵（崔双才 摄）

　　该区北半部分西南高，东北低，海拔700米～800米，清水河自南向北注入黄河。南半部分西高东低，海拔600米～700米，永昌河横穿其间，流入洛河。

　　地貌特征是低山、丘陵相间分布，并有部分低洼和谷地。（如图1-10）

图 1-11　黄土丘陵上的窑洞

　　丘陵地区黄土层变薄，开始用黄土夯实或制成土坯箍窑，形成独立式窑洞与靠崖窑、砖瓦窑并存，组成合院，形成混合型院落。（如图1-11）

3. 山区

　　主要分布在县境南部和东北部，总面积665平方千米，占全县总面积的37.7%，居住人口为全县总人口的20%。县境南部的山区平均海拔1000

图1-12　甘山

米以上，习惯上称为深山区。最高点在甘山，海拔1903米。由县西部入境的崤山，在该区域起伏绵延。县境内的青龙涧、苍龙涧、永昌河、大石涧河均发源于此。该区地势高峻，悬崖峭壁，深谷险壑，山高林密，植物茂盛，人烟稀少，有甘山 (如图1-12)、回龙山、雁翎关等自然风景区。

南部山区的地貌特征是山高、沟深、林密、人少。山区居民就地取材，喜欢用石头或砖砌筑拱窑，与土木结构的房屋结合组成院落。

（三）　陕县黄土的类型与特点

陕县黄土塬的黄土大致分为三层：地表50厘米厚的肥土层，主要用来种植庄稼；往下至1米是红土层，再往下是白土层。（如图1-13）

红土覆盖在白土上面，颜色相对较深，土层较薄，土质松软，颗粒大，孔隙率大，雨水容易流失。

白土也称老黄土，比红土颜色浅，土层厚度大，是黄土塬的构造主体。这种黄土土质密实，颗粒较细，黏聚力强，力学性能好，是挖掘窑洞的理想层位。

黄土层中还有一种钙质结核——料姜石，质地坚硬，抗剪耐压，一般呈条带状出现，俗称姜石棚。它改善了黄土地层的力学性质，为黄土窑洞的生成和发展创造了极为有利的条件。（如图1-14）

陕县黄土的分布特点是：三大塬上白土层厚，向南部山区料姜石逐渐增多，往东部丘陵地区白土层逐渐变薄，红土层增厚。

图1-13　陕县黄土的类型　　　　图1-14　黄土层中的料姜石

二、陕县黄土窑洞的分布、类型与特点

（一）陕县黄土窑洞的分布

陕县黄土窑洞的分布与黄土层的分布与厚度密不可分。西北部的塬川区黄土层厚且分布比较均匀，尤其是张汴、张村、东凡三大塬面上，是下沉式窑洞集中分布的区域，黄土塬边和之间的沟壑区则出现了许多靠崖窑。东部丘陵地区黄土层变薄，开始用黄土夯实或制成土坯箍窑，形成独立式窑洞与靠崖式窑洞并存。南部深山区黄土稀少，当地居民就地取材，用石头或砖砌筑独立式窑洞。

（二）陕县黄土窑洞的类型

陕县的黄土窑洞由于所处的自然环境、地貌特征的影响，形式纷繁，千姿百态。但从建筑布局和结构形式上划分，可归纳为以下三种基本类型：下沉式、靠崖式和独立式。

1. 下沉式窑洞

下沉式窑洞实际上是由地下穴居演变而来，在陕县称为天井窑院或地坑院。这是在黄土塬区干旱地带，没有山坡、沟壁可利用的条件下，当地居民巧妙利用黄土的直立特性，就地挖下一个方形地坑（竖穴），形成四壁闭合的地下四合院（或称天井院），然后再向四壁挖窑洞（横穴）。一般有8洞6窑、10洞8窑等，以其中一洞做门洞，一洞做牲畜窑，其余的窑住人，天井院内设渗井，院子地平标高一般比窑顶低6～7米。

图 1-15　下沉式窑洞

图 1-16　下沉式窑洞

（如图1-15、1-16）

　　挖下沉式窑洞必须选择在干旱、黄土层厚、地下水位较深的地区，并且要做好窑顶防水和排水防涝措施。当地居民将窑顶碾平，以利排水，做打谷场用。下沉式窑洞每户宅基占地多，一般9米×9米的天井院加四面窑洞进深7米，需占地530～667平方米。

2. 靠崖式窑洞

　　靠崖式窑洞出现在土塬、沟坡的边缘地区。窑洞边缘靠山崖，前面有较开阔的川地。靠崖式窑洞一般随着等高线布置，呈现折线或曲线型排列，既节省土方量又顺应山势，与自然环境完美结合。根据山坡的面

图 1-17　靠崖式窑洞

积大小和山崖的高度，可以布置几层台梯式的窑洞。为了避免上层窑洞的荷载影响底层窑洞，台梯是层层后退布置的，形成底层的窑顶就是上层窑洞的前庭，很少有上下层重叠的，但也有例外，这是在土质稳定，水平占地面积局促的情况下为了争取空间而产生的。（如图1-17、1-18）

图1-18　靠崖式窑洞

3. 独立式窑洞

独立式窑洞是在干旱的黄土塬区，总结窑洞的建造经验发展而来的一种窑洞民居类型。从建筑和结构形式上分析，实质上是一种掩土的拱形房屋。

（1）土基窑洞

土基窑洞分为两种，一种是土基土坯拱窑洞，另一种是土基砖拱窑洞（如图1-19、1-20）。在黄土丘陵地带，土崖高度不够，在切割崖壁时保留原状土体做窑腿和拱券，砌半砖厚砖拱后，四周夯筑土墙，窑顶再分层填土夯实，厚1米～1.5米，待土干燥达到一定强度时再将拱模掏空，实质上是人工建造的一座土基式窑洞。

图 1-19　土基土坯窑洞

图 1-20 土基砖拱窑洞

图 1-21　独立式砖石窑洞

土基土坯窑洞的做法与土基砖拱窑洞相似，只在掩土厚度和窑顶形式上有变化。一般用楔形坯砌拱，屋顶形式除掩土夯实做成平顶之外，还有在夯土上铺瓦做成坡屋顶的。

（2）砖石窑洞

在陕县南部深山区，采石方便，当地农民就地取材，利用石料建造石拱窑洞。（如图1-21、1-22）因为其结构体系是砖拱或石拱承重，无须再靠山依崖即能自身独立，形成独立式窑洞；又因为石拱顶部和四周仍需掩土，故仍不失窑洞冬暖夏凉的特点。砖石窑洞四面临空，可以灵活布置，还可以在窑顶上建造房屋或窑上窑，形成窑洞院落或混合型院落。

图1-22　独立式石拱窑洞

第二章　窑居聚落

一、窑居聚落类型

在陕县的塬川区上，沿沟坡或向下开挖的窑洞，与自然地理环境融为一体，形成最原始而朴素的窑居聚落。当地多变的地理地貌塑造了多样的窑居村落形态。（如图2-1）

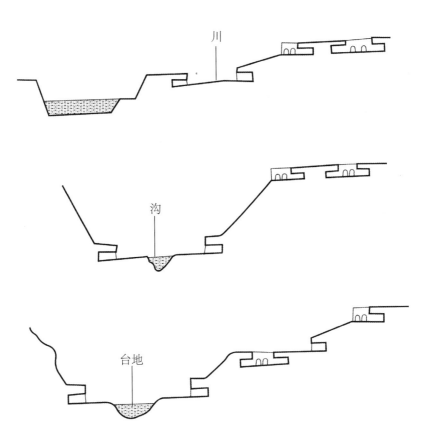

图 2-1　地形与窑洞的分布

（一）点（团）状分布的地坑院村落

黄土塬面上，地形开阔平坦，由下沉式窑洞组成的地坑院村落，受地形限制较小，只需保持户与户之间相隔一定的距离，就可以成排、成行或呈散点式布置，最终形成团状村落。这种村落在地上只见树木，不

图 2-2　点（团）状分布的地坑院村落

见房舍，走进村庄，方看到家家户户掩于地下，构成了黄土塬上最为独特的地下村庄。这种类型的村落在陕县的塬川区分布广泛，居住人口最多。(如图2-2、2-3)

图 2-3　点（团）状分布的地坑院村落

（二）线状分布的靠崖院村落

　　黄土塬面、塬川之间，有许多冲沟。冲沟的两侧多开挖靠崖式窑洞。
这种以靠崖院形成的村落沿冲沟的两岸纵向展开，呈线状分布。住户

比较分散，各家院落以平行于等高线的靠崖院为主体建筑，前面配以厢房、院墙及门楼，组成一个基本单元。有的住户不设院墙，院落成排连成线，沿地形变化，随山就势，呈折线或曲线排列。这种村落受冲沟空间狭窄的影响较大，沿冲沟布置1～2排院落。（如图2-4至2-6）

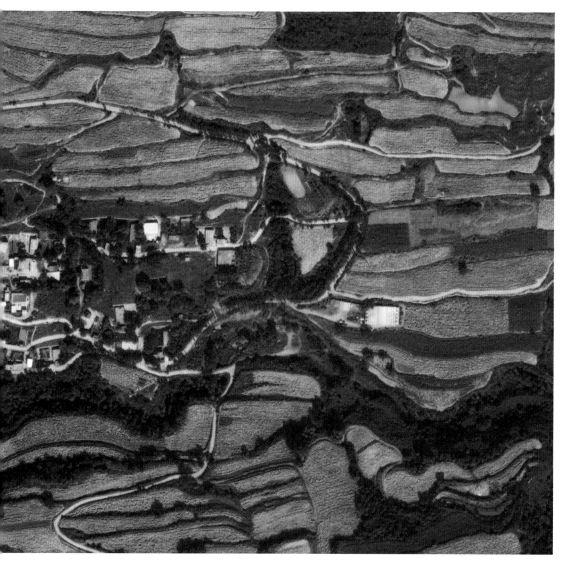

图2-4　线状分布的靠崖院村落（崔双才　摄）

图 2-5　沿冲沟分布的靠崖院村落（崔双才　摄）

图 2-6　平行于等高线分布的靠崖院村落（崔双才　摄）

（三）带状分布的混合型村落

位于河流两岸的川地，比冲沟开阔，比塬面狭小。川地上的村庄大多呈带状分布。靠崖院与地坑院间杂，窑洞与砖瓦房并存。村中的主要道路方向平行于河流，次要道路垂直于等高线，形成"鱼骨状"道路网。一座座宅院分布在道路网中，有2～8排不等。靠近黄土崖壁的院落为靠崖院，靠近河流的院落多为砖瓦房和独立式窑洞，位于两者之间面积较大的台地上有时会出现下沉式院落。

陕县的丘陵地区黄土层变薄，开始用黄土夯实或制成土坯箍窑，形成独立式窑洞与靠崖窑、砖瓦房并存，组成合院，形成混合型院落。南山区居民就地取材，用石头或砖砌筑窑洞，与土木结构的房屋结合组成院落。在丘陵和山区，村落布局受地形影响最大，没有固定的形式，但都有窑洞穿插其中，兼有窑居聚落和山地聚落的特点。

无论是塬川、丘陵还是山区，每种地貌都有一种主要的村落类型，也不可避免的有其他类型夹杂其中。陕县黄土塬上，地上房屋的建造始终与窑洞的开挖相伴随。窑洞在很长时间内被当作贫穷的象征，但这仍不妨碍曾经有近90% 的人居住其中。（如图2-7至2-10）

图 2-7 带状分布的混合型村落

图 2-8　带状的混合型村落

图 2-9　带状村落内景图

图 2-10　带状村落鸟瞰图

二、窑居生活：民俗与文化

（一）建造民俗

窑洞是在黄土层中挖出的居住空间，受当地民俗文化的影响，地坑院建造十分讲究。动工前的选址中，先请懂得阴阳八卦的风水先生手持罗盘仪（当地叫罗经）选定方位。接着是造地形，定坐向，按照八卦方位决定主窑的位置。主窑的位置确定后，地坑院的坐向就随之确定。

建造地坑院时，"三窑"——主窑、门洞窑、灶火窑的位置特别重要，布局时讲究阴阳平衡。窑洞的命名原则是按"游年"（八卦中的一种）中的"夫位""天医""延年""五鬼""六杀"等来确定的。而且这种规定绝不能更改。牲畜窑（牛窑）必须位于"五鬼"方位，茅厕窑必须位于"六杀"方位。

地坑院建造中还有很多忌讳。

第一，院子必须要方，不能出现簸箕院，就是一边过长或过短的梯形院子。俗语说"簸箕院破财院，大灾小难不间断，挣一千花一万，十年变成穷光蛋"，"烂簸箕不能用，男女老少不安宁"，这样的院子是不被认可的。

第二，门洞不能蝎背尾。地坑院的门洞关系到这户人家的门风。一般来讲，门洞建造应做到"三不"：门洞口不能直对大路；门洞不能开成直洞，必须要有弯度；弯应在里，不能在外。如果弯在外边，门洞和院子连起来看好像一个爬行的蝎子，这个门洞就成了"蝎背尾"。

第三，门洞忌开忠义门，露财门。地坑院的门洞都应该开在"延年"方位上，门洞内口不能直对窑门。但也有极个别的院子门洞开在主窑对面的下主窑位上，这种门洞称为"忠义门"。此类门洞的宅院只有官宦宰相可以居住，平民百姓没有王命不能住王屋，硬住进去只有自找苦吃，人丁受损，世代贫穷。有的宅院受外在条件限制，开了直门洞，门洞内口直对上方位的窑门口，这便是最忌讳的"露财门"。这种情况，为了破除不利影响，便在门洞口砌一道"照壁墙"（如图2-11、2-12），一是挡恶避邪，一般照壁墙上都要建一个土地爷庙，供奉土地爷；二是遮财挡富，遮挡人的视线，不能从外面直接看到院子。

图 2-11　正对门洞窑内口的照壁墙

图 2-12　照壁墙在地坑院中的位置

（二）生活习俗

进入地坑院的门洞，通过大门，迎面墙上都有一个土地爷庙，（如图2-13）院内迎门洞的照壁墙上都有一个天爷庙，（如图2-14）做饭的案头都要贴一张灶爷画（如图2-15）。

人住到地坑院后，不能随便动院内、屋内及场（窑顶）上的土。当地人认为屋内、场内都有神灵在保佑，动土伤到神灵，家里就要遭殃。需要动土修建时，小规模的要写个"姜太公到此，诸神退位，大吉大利"的条子，压在要动土的地方，烧香磕头。大规模的要选个吉日，把厨房搬到别处（别院），再放鞭炮动撅头挖土。场上也不能随意搭棚、盖房子，也不能随意栽树。正如俗语所言："前不栽桑，后不插柳，门洞口上不要插鬼拍手（杨树）。"

家里有小孩出生时，产窑的风门要挂红布，窗上糊红纸，提醒外人

图 2-13　土地爷神位

图 2-14　天爷神位

图 2-15　案头的灶爷神位

不可随意进出。举办丧礼时，穿着孝衣的孝子是不能随便下别人家的院子的。抬棺材的、送葬的都不能从别人家的场里走过，不吉利。居住在地坑院的人，若到别人家吊唁，回家时，不能直接进院，必须在大门外，横门槛上撒上一道灰，免得野鬼下院。

（三）民间艺术

与地坑院关系密切的民间艺术主要有剪纸、面花（如图2-16）、虢州澄泥砚（如图2-17）、捶草印花（如图2-18）等。陕县的剪纸是窑洞民居中最为典型的环境装饰品，与窑洞民居环境相得益彰。地坑院里的每孔窑洞都有2～3个窗户和两扇向外开启的风门。窗户和风门的棂子都是井字形方格，全部是用白纸糊的。每到春节，五颜六色的窗花贴在窗户和风门的棂子上，把农家小院映衬得十分鲜亮，显得格外红火。窗花是当地农民春节时最喜爱的传统装饰品。

图 2-16　面花

图 2-17　澄泥砚

图 2-18　捶草印花

陕县剪纸的独特之处就是以黑为贵。(如图2-19、2-20)当地人认为黑是正色,是本色。黑色最雄壮,什么颜色都遮不住它。它是天下第一色。黑色驱邪,不容易褪色,耐晒。陕县人不忌讳黑色,这是老祖宗传下来的。门窗和顶棚的底纸是白色,贴上黑色剪纸,色差对比高,能使图案显亮、醒目。据河南省著名民俗专家倪宝成所著《倪宝成文集》,中国第一个封建王朝夏朝,曾建都于豫西偃师的二里头。夏朝第15代黄帝后皋死后就葬在陕县菜园乡雁翎关的山坡上。1956年和1960年,时任

图 2-19　陕县黑色剪纸

中国社会科学院院长的郭沫若先生和中国考古研究所所长夏鼐先生先后到此考察，指出此墓对研究夏代历史有非常重要的参考价值。另据《礼记》载，夏人尚黑，宗庙称"玄堂"，祖鸟称"玄鸟"（黑燕），所用器皿皆"墨染其外，朱染其内"。可见陕县剪纸尚黑习俗源远流长，是夏代尚黑古风的遗存，有着浓厚的图腾崇拜意蕴。它和民间习俗融汇在一起，彰显出豫西人正统的审美意识和质朴纯正的心理与性格。陕县黑色剪纸是有着浓郁地方特色的剪纸品种，是民间剪纸中的一朵奇葩。

图 2-20　陕县十二生肖剪纸（鼠）

图 2-21　"男巧巧"剪纸

陕县剪纸的另一个独特之处就是剪纸的男人比女人多，剪得好的也是男人比女人多，又称"男巧巧"。(如图2-21) 南沟村有200多人剪卖窗花，其中90%是男性，被称为"剪纸窝"。南沟村的任孟仓 (男，1938～) 从小心灵手巧，喜好剪纸，从家族中传承手艺。他的剪纸花样繁多，构图饱满，造型准确，精致清秀。他不但剪窗花，还剪喜花、丧花。光丧事用的幡，他就能剪4种，有柳幡、香幡、手幡、门幡，对每一种幡的用法都了如指掌。剪花时，他还兴致勃勃地唱着眉户《十二月花》，边剪边唱，如醉如痴。(如图2-22)

图 2-22 任孟仓边剪边唱

　　陕县剪纸处于南北过渡带上，北方的粗犷奔放，南方的细腻精巧，兼而有之，风格独特。首创的染色窗花与全国其他地方相比，风格迥异，是在借鉴本地"剪、染、画三合一"窗花的技法基础上，加以改进而形成的。陕县剪纸线条流畅圆润，富有人情味与生活情趣。剪纸的主要题材有日常劳作、家禽牛羊、花鸟虫鱼、神话人物、戏文故事、民俗习俗等，借助生活中常见的事物，通过谐音、象征等手法，构成寓意性的艺术画面。(如图2-23)

　　陕县剪纸主要分为以下四种。

图 2-23　窑洞门窗上的窗花

1. 春节用的窗花

窗花使用量最大，品种主要有单色、染色和"剪、染、画三合一"三种类型。单色窗花有黑、红、黄、紫、绿等颜色，尤以黑色为珍贵。（如图2-24）染色窗花由洋桃红、米黄和果绿三种颜色点染而成，三种颜色相互浸润，形成分色。染色窗花淡雅清秀，别具一格。（如图2-25）"剪、染、画三合一"则是先剪出轮廓，再勾画线条，最后上色。由于工序繁多，

图 2-24　黑色窗花

制作复杂，只有大营一带农户使用，其他地方使用的都是单色和染色窗花。 窗花题材主要是花卉草木、鸟兽虫鱼等。染色窗花适合在短时间内使用（如过年），原因主要为染色窗花使用的染料在阳光的照射下极易褪色，艳丽的窗花很快便成为白色，从 而丧失喜庆的装饰功能。单色窗花选用的纸张一般为颜色艳丽的蜡纸，表面光洁，不易褪色，保持时间较为长久，受到塬上人家的普遍喜爱。

图 2-25 染色窗花

2. 结婚用的团花、喜花

团花主要是顶棚花和嫁妆物品上放的各种剪纸花。炕围花、桌围花则以屏花为主。(如图2-26) 西张村镇和菜园乡结婚洞房的布置,所用剪纸以黑色为主要基调,十分罕见。(如图2-27) 结婚时的新房布置,墙壁用蓝色花纸全部裱糊,屋顶用苇子绑成顶棚,顶棚用白纸裱糊,再贴上用黑纸剪成的图案花 (如图2-28),靠炕的墙上贴上用黑纸剪成的四扇屏或用彩色画的四扇屏。在白色的基底上,黑色的剪纸尤为突出。门窗全部用黑漆刷抹,用红漆描出门边线和窗边线。室内的结婚用品普遍使用红色,因此黑色的装饰并没有显现出丝毫的不协调。结婚剪纸的题材主要有石榴莲、药葫芦拉牡丹、孔雀戏莲、鹭鸶戏莲等。双喜花则千姿百态,形态各异,显示出民间艺人的独具匠心。

图 2-26　炕围花、桌围花

图 2-27　婚房用的剪纸

图 2-28　顶棚花

3. 避邪用的"药葫芦""五毒花"等

民间辟邪方法多样，但在陕县，几乎家家会使用"药葫芦""五毒花"来表达节日的祈愿，其主要集中在清明节和端午节使用。药葫芦的制作就是把剪纸图样绘制在预先采摘的葫芦上面，并将它悬挂于家中。五毒花实际上就是内容为"五毒"（蛇、蝎、蜈蚣、壁虎、蟾蜍）的剪纸。"端午节，天气热，五毒醒，不安宁。"民间认为端午节是五毒出没的时间。这天，有人将五毒的形象剪成剪纸贴在门窗上，也有用各种彩色丝线、布头做出五毒造型，挂在屋子里，或者缝在孩子的衣服肩头、鞋帽上，而有些人则佩戴"驱五毒花"，想尽各种办法驱除害虫。

4. 丧俗用的纸扎

丧俗用的扎纸主要有纸马、柳幡、香幡、手幡、门幡等，一般农户的丧事只用柳幡和纸马等，只有大户人家做家祭时，才有香幡、手幡和门幡。

陕县特有的民居形式、民俗活动和民间艺术三者之间有着不可分割的关系。陕县的民间艺术以剪纸最为突出，而剪纸的诞生是基于老百姓对窑洞空间的装饰要求。民间剪纸的尺寸、图样都与空间中各个建筑构件的尺度相吻合，艺人制作剪纸时不需要重新度量每一个使用场所的尺寸，这使得民间艺人的手工制作基本上可以是简单的标准化生产，而窑洞空间的装饰又多为根据节庆、家中红白事由而进行的。剪纸造价低廉、易于更换和主题鲜明的特点合乎百姓的使用需求。剪纸的使用在陕县形成风气，每逢节庆或者邻里家中处理红白家事，村里的民间艺人们都会扎堆带领大家制作剪纸，共同完成。因此在陕县，民间剪纸的生产成为一种特色的民俗活动。

第三章　陕县窑洞民居的典型代表——地坑院

图 3-1 地坑院外景

　　在陕县的张汴、张村和东凡三大塬上，集中分布着当地窑洞民居的典型代表：下沉式窑洞，当地村民又叫"地坑院"或"天井窑院"。（如图3-1）

图 3-2　地坑院内景

　　地坑院隐藏在黄土中，没有明显的建筑外观体量，这种建筑形式最符合中国古代"天人合一"的哲学思想，是人与大自然和谐相处的范例。（如图3-2）

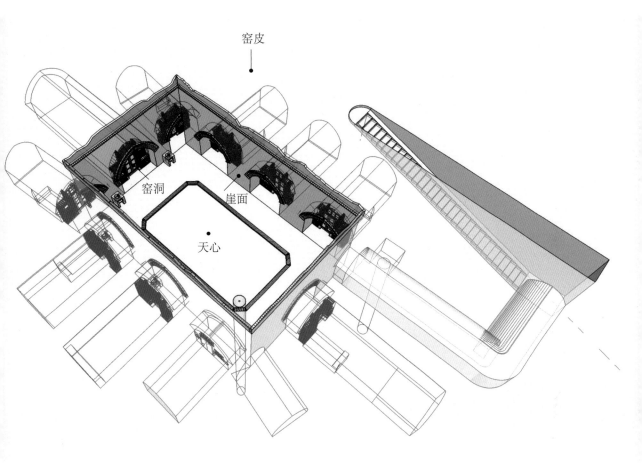

图 3-3　地坑院功能布局

一、地坑院的功能布局

　　地坑院是在平坦的黄土塬面向下挖掘形成的居住空间，主要由地平面上的窑皮，垂直向下的四个崖面、下沉的天心和环绕天心的窑洞四大部分组成。(如图3-3) 窑洞按功能分为主窑、住窑、灶窑 (厨窑)、牲畜窑 (牛窑)、茅厕窑 (厕所) 和门洞窑等。(如图3-4)

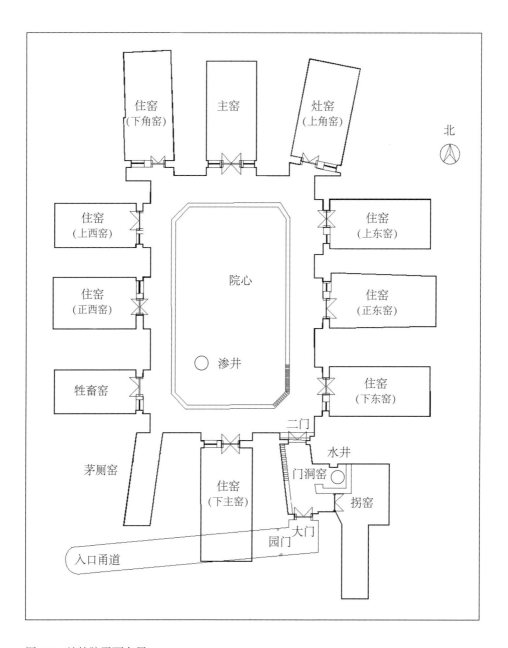

图 3-4　地坑院平面布局

（一）　出入口

地坑院的出入口主要解决天井院与地平面之间的垂直交通问题，包括门洞窑和甬道两部分。(如图3-5) 门洞窑的窑口朝向天井院，地面一般呈斜坡状，窑底与向外挖出的弧形甬道相连 (如图3-6)，直至地平面。比较讲究的人家，甬道地面和两侧的墙壁都用砖砌，墙壁向上高出地面，并在接近甬道上方精心砌成圆弧形的门洞，叫作园门 (如图3-7)。进入园门，通道上方就有屋顶了，所以，园门也是门洞室内外的分界线。顺甬道往下走，可见门洞窑口的墙壁上挖一个小窑，供奉土地爷的神位。(如图3-8) 门洞窑多数只在窑底处设一道大门，叫作大门，也叫哨门 (如图3-9)。也有在窑口处再设一道门，叫作二门。旧时妇女的活动范围限定在大门以内，"大门不出，二门不迈"。(如图3-10)

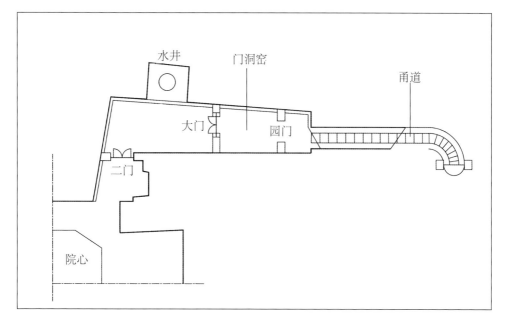

图 3-5　出入口平面图

图 3-6　甬道

图 3-7　园门

图 3-8　门洞内的土地神位

图 3-9   大门

图 3-10   大门与二门

门洞窑的一侧挖一个拐窑，再向下挖直径1米、深约30米的水井，安装辘轳打水，作为饮用水和日常生活用水。(如图3-11)

门洞窑主要用作交通通道，也可以在两侧及拐窑储藏物品，安放生产工具。(如图3-12) 夏季气候炎热，住窑内生火做饭比较热，就在门洞窑一侧盘锅生灶，做临时厨房用。(如图3-13)

图 3-11　水井

图 3-12　门洞内的拐窑

图 3-13　门洞窑内设灶夏季做饭

图 3-14　天心

（二）　天心

平坦地面上向下挖成的矩形院子，称为天心，也叫天井院。（如图
3-14）天心内地面四周砌一圈青砖甬道，中间的院心部分是黄土地面。
院心一角靠近茅厕窑的位置挖一口直径1米、深4～6米的渗井，主要用
来汇集雨水。（如图3-15）正对门洞窑设置照壁的，位置一般选在正对
入口、青砖路之外的院心内，长度和门洞窑宽度相当，高约2米。（如图
3-16）院心内通常还栽植树木，多为梨树、石榴树、桐树等。

图 3-15 院心与渗井

图 3-16 照壁

（三）主窑

根据宅院的方位性质，确定在某一个崖面的中间位置开挖主窑。主窑尺寸宽大，一般采用"九五窑"，即高九尺五寸（旧制，三尺合一米，下同），宽九尺。一门三窗，高大宽敞。（如图3-17）

主窑的功能比较特殊，一般用作举行重要仪式（如婚丧嫁娶）和招待客人。有的主窑住人，居住其中的人身份地位比较高，多为家中长辈。住人的主窑需要盘炕。家里的老人年纪大了，儿女为表孝心会提前把寿材（棺木）买好，放置在主窑内，老人提前看到自己的寿材也会很欣慰。

主窑也叫"上主窑"，与之正对的叫"下主窑"，下主窑有的采用普通形制，有的形制与上主窑相似，但一般较少住人，多用作储物。（如图3-18）

图 3-17　主窑

图 3-18　下主窑与主窑形制相似，地位不同

（四） 住窑

住窑就是除了主窑以外供人居住的窑洞。根据所处方位不同而命名，靠近主窑的方位为上，如上南窑、正南窑、下南窑等。（如图3-19、3-20）

图 3-19 住窑

图 3-20　住窑内景

　　住窑的尺寸一般为"八五窑",即高八尺五寸,宽八尺,一门两窗。窑门多为两套门,朝内开的叫老门,朝外开的叫风门。风门外形美观,关闭时可遮挡视线,不影响通风。老门坚固,主要起安全防卫和保温隔热的作用。

　　住窑依窑隔盘炕,为"通炕灶"(如图3-21),炕尾紧邻门窗,炕头设置灶台,烧火做饭的烟气和热量经过整个火炕,通过设在墙角的烟囱通往地面,再在上面的拦马墙上砌筑一个高出地面的空筒,称为烟洞,作为排烟之用(如图3-22)。

　　土炕是窑居中最重要的生活设施,是农家生活起居的重要场所。夜晚降临,村民睡觉休息在炕上;一日三餐,炕上摆上炕桌,吃在炕上;

图 3-21　通炕灶

图 3-22　烟洞

节假日和农闲时，家人聚集在炕上谈话聊天拉家常；客人来访、邻居串门都上炕请坐；家庭的重大决策、生老病死的重大安排通常也是围坐在炕上做出的；妇女们在炕上做针线活；孩子们在炕上嬉戏玩耍。村民的生活和土炕紧紧地联系在一起，土炕成为窑居生活不可或缺的载体。

土炕对面设置一桌两椅，桌子通常是五屉一柜的满张桌，椅子为太师椅，用方砖铺地，形成待客空间。（如图3-23、3-24）

灶台以内就是储藏空间，放置粮食、柴禾和其他日常生活用品，地方不够用的还会开挖拐窑或做壁龛。（如图3-25）

图 3-23 住窑室内布局

图 3-24　住窑内的土炕（图片来源于网络）

图 3-25　住窑内的灶台和储物空间（图片来源于网络）

（五）　茅厕窑和牲畜窑

地坑院内一般会单独留出两孔窑洞，一个作为厕所，一个作为饲养牲畜的地方。茅厕窑一般不设门窗，顶部开有一个"马眼"，用来通风换气，还可以把晒干垫厕的黄土直接灌入窑内。（如图3-26、3-27）有的茅厕窑和牲畜窑的窑脸大小和住窑一样，门窗洞口尺寸减小。

图 3-26　茅厕窑入口降低缩小

图 3-27   牲畜窑窑脸正常大小，内砌土坯墙减小门窗洞口

（六）崖面

从外观上，崖面自下而上由以下几个组成部分：窑腿、窑脸、眼睫毛、拦马墙。（如图3-28）窑脸是窑洞外露的门脸，它真实地反映窑洞内部拱形结构的特点，是窑洞重点装饰的部位。各地窑洞的拱线不尽相同，有尖拱、半圆拱、抛物线拱、双圆心拱等，陕县的窑洞以双圆心拱居多。窑脸外接窑腿，内连门窗，是室内外空间的过渡。窑洞和窑洞之间的黄土厚度，称为窑腿。窑腿的宽度影响窑洞的结构稳定性和室内空间的大小。

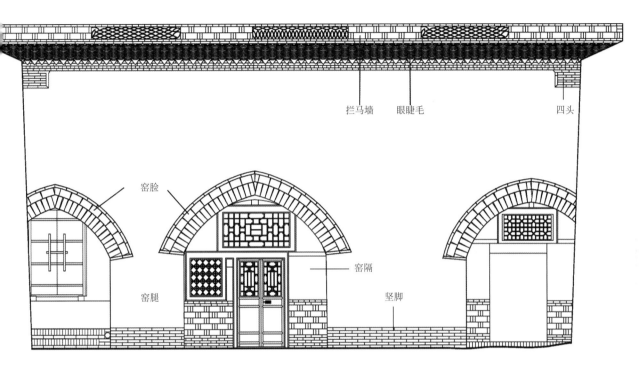

图 3-28　崖面组成

　　崖面上部与地面交接的位置四周砌一圈瓦屋檐，用于排雨水，称为眼睫毛，瓦檐上砌高约半米的拦马墙，一是为了防止地面雨水倒灌入院内，二是作为安全防护，防止人畜跌落天井院内。崖面下部有的也用砖砌出坚脚，起到防止雨水侵蚀的作用，与上部的眼睫毛、拦马墙合称为"穿靴戴帽"，是地坑院崖面比较讲究的一种做法。(如图3-29、3-30)

图 3-29　崖面外观

（七）　窑皮空间

　　每户宅基地范围的窑顶地面称为窑皮。存放粮食的窑洞顶部开有直通地面的小洞，称作"马眼"。晒干的粮食可直接从马眼流入屋内放置的粮囤中。茅厕窑顶部也开有一个"马眼"。烧火做饭的烟囱也会通到窑皮上，并用砖砌一个烟洞。除此之外，窑皮上就是碾压光洁的黄土面，

图3-30　穿靴戴帽

主要用作打场、晒粮，也是日常生活、游戏的场所。窑皮靠近主窑方向的地面比较高，靠近道路的地面比较低，形成的坡度，方便雨水快速排走，不在上面存留。窑皮需要定期除草、碾平，上面不能随意搭棚、盖房子，也不能随意栽树。（如图3-31、3-32）

图 3-31　相邻地坑院的窑皮连成一片

图 3-32　窑皮与窑洞

二、地坑院的类型

（一）以主窑的方位划分

地坑院建造前，首先要定方位，按照阴阳五行和八卦方位决定主窑的方位、宅院的坐向和类型。

按传统风水观念，阳宅以背山面水为吉地，主窑应该选在地形相对较高的一侧。"前不登空，后有靠山。"另外，地坑院主窑的方位不能太正，需稍微偏一点，因为只有"人主"（皇帝）的住所才能处于不偏不倚的正方位，普通百姓人微位轻，处在这种方位，压不住，易生灾祸。

地坑院主宅方位与八卦相结合，分为八类，其中依据正南、正北、正东、正西四个不同方位的朝向最为常见，分别被命名为东震宅、西兑宅、南离宅和北坎宅。这八类又可划分成动宅和静宅两大种。动宅又称东四宅，包括以东为主的震宅、以南为主的离宅、以北为主的坎宅和以东南为主的巽宅。这类地坑院多为长方形，长14米～18米，宽10米～12米，8～12孔窑洞。静宅院又称西四宅，它包括以西为主的兑宅、以西北为主的乾宅、以西南为主的坤宅和以东北为主的艮宅。这类地坑院多为正方形，边长12米～16米，开10孔窑。

不同宅位的院落对窑洞的使用安排各不相同。

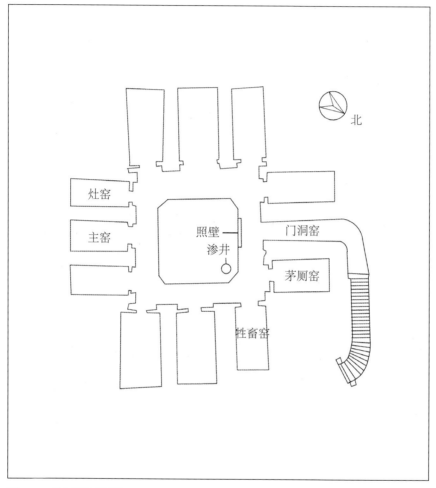

图 3-33 东震宅平面图

　　东震宅院以东为上，多为长方形，东西为长，南北为宽，院内多为 10个窑口，窑皮地势东高西低，南强北弱。门洞开在正南窑，正东窑为主窑，正西窑为下主窑，东南角窑为灶屋，西北角窑为厕所，其余各屋均为晚辈住屋。(如图3-33、3-34)

图 3-34　东震宅实景图

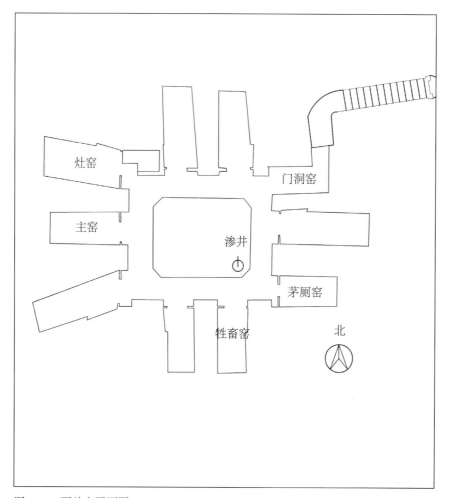

灶窑

门洞窑

主窑

渗井

茅厕窑

牲畜窑

北

图 3-35　西兑宅平面图

西兑宅院以西为上，多为正方形，院内多为10个窑口，窑皮地势西高东低，北强南弱。门洞开在东北角，主窑是正西窑，灶屋在西北角窑，厕所在东南角，正东窑为下主窑，下南窑为牲畜窑，其余各屋为晚辈住屋。（如图3-35、3-36）

图 3-36　西兑宅实景图

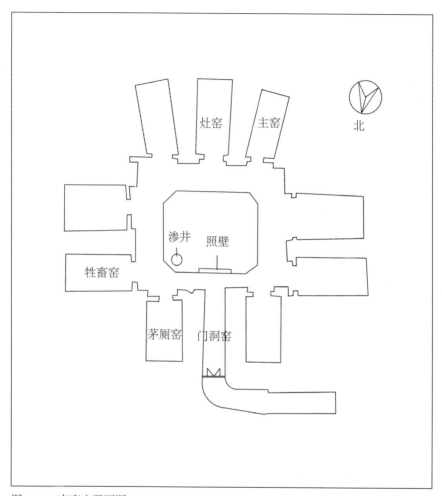

图 3-37   南离宅平面图

　　南离宅院以南为上，此类院多为长方形，南北为长，东西为宽，院内多为12个窑口，窑皮地势南高北低，东强西弱。主窑为正南窑，门洞开在正东窑，东北角窑为厕所，东南角窑为灶屋，正北窑为下主窑，其余各窑为晚辈居屋。（如图3-37、3-38）

图 3-38　南离宅实景图

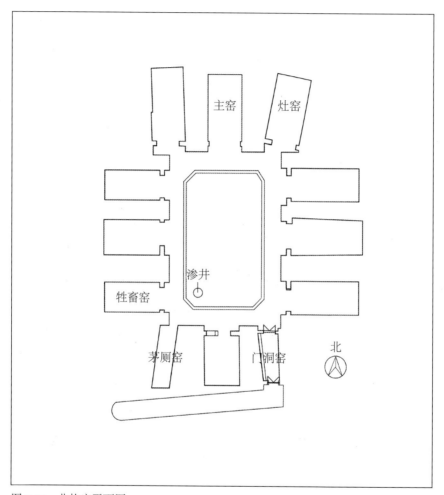

图 3-39　北坎宅平面图

　　北坎宅院以北为上，多为长方形，南北为长，东西为宽，院内多为12个窑口，窑皮地势北高南低，东强西弱。门洞开在东南角，主窑是正北窑，东北角窑是灶屋，西南角窑是厕所，下西窑为牛窑，正南窑为下主窑，其余各窑均为晚辈居住。(如图3-39、3-40)

图 3-40　北坎宅实景图

（二） 以窑院的规模划分

　　一处地坑院的宅基地面积一般在半亩到一亩半不等，窑洞的数量6～16孔不等。评估地坑院规模时，往往只统计主要使用的窑洞。茅厕窑和牲畜窑由于使用面积小，出入洞口小，通常不计算在总窑数内，只作为开挖的洞口统计。地坑院按照规模大小可分为：8洞6窑（如图3-41、3-42）、10洞8窑（如图3-43、3-44）、12洞10窑（如图3-45、3-46）这三种常见类型。除此之外，还有较小规模的6洞4窑和超大规模的16洞14窑（如图3-47）。

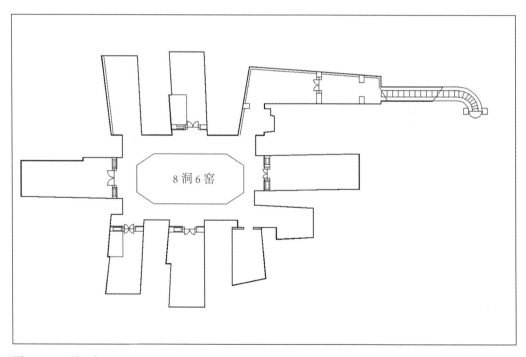

图 3-41　8洞6窑

图 3-42　8 洞 6 窑

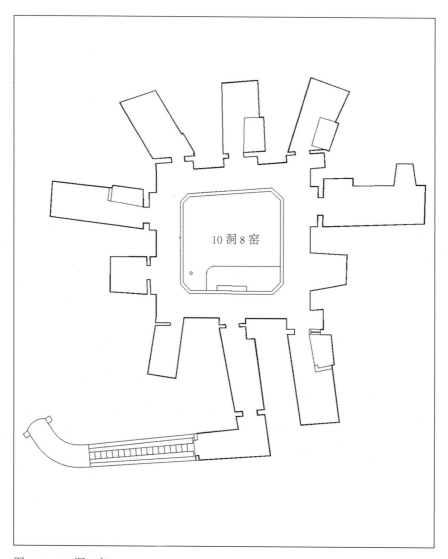

图 3-43　10 洞 8 窑

图 3-44　10 洞 8 窑

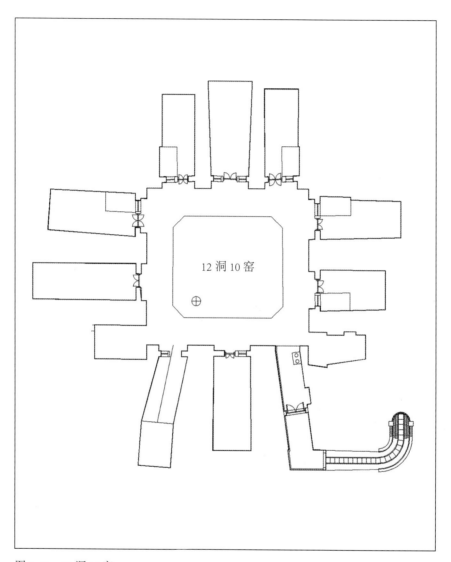

图 3-45   12 洞 10 窑

图 3-46　12 洞 10 窑

图 3-47　16 洞 14 窑

三、地坑院的细部与装饰

　　地坑院深藏于地下，窑洞的外观体量就是黄土塬的体量，是独特的塬川地貌，这种广阔无边的原自然生态环境风貌构成了地坑院的第一道风景。（如图3-48至3-51）

　　地坑院的建筑装饰是以窑洞为主体，分布在不同的部位和各个构件上，集功能与装饰为一体，与窑洞共生共存，是窑洞形式的延伸与再发

图 3-48　夏叶

图 3-49　秋实

展，使其建筑空间形象更加丰富和完美。陕县窑洞的建筑装饰是在黄土
塬特有地貌环境和民风民俗条件下形成的极富地域特色的装饰形式，反
映了当地的历史文化特点和民俗观念。

　　地坑院的装饰可分为内外两大部分。

图 3-50　春花 (崔双才　摄)

图 3-51　冬雪（崔双才　摄）

（一）地坑院外部空间中的装饰

地坑院外部空间的装饰集中在崖面上的拦马墙与眼睫毛、窑脸、院落、入口几个部分。

1. 拦马墙与眼睫毛的装饰

地坑院的拦马墙和眼睫毛除满足功能要求外，更注重美化与装饰。拦马墙用土坯则在主窑正上方用小青瓦做装饰花型，或用砖砌成各式花墙。拦马墙下的眼睫毛是用小青瓦铺成的，讲究的人家用滴水收头，也有用青色或者红色的机制瓦做眼睫毛的。（如图3-52至3-57）

图 3-52　土坯砌筑的拦马墙　　　　图 3-53　拦马墙上的砖雕

图 3-54   小青瓦砌筑的眼睫毛

图 3-55   机制瓦砌筑的眼睫毛

图 3-56   拦马墙上的砖砌花活

图 3-57   拦马墙上的瓦砌花活

2. 窑脸的装饰

窑脸是地坑院中的另一个装饰重点。

不论家中经济条件如何，人们都力求将窑脸精心装饰一番，从最简朴的草泥抹灰到砖石砌筑窑脸，历代工匠都将心血倾注在窑洞的唯一立面上，形成不同的层次和变化。

窑脸的拱形曲线是窑洞立面构图的重要元素，它与拦马墙、瓦屋檐

图 3-58　黄土窑脸

图 3-59　砖窑脸

这些直线因素形成对比。同时，各个窑洞的窑口随功能不同而有大小变化。陕县窑洞的窑脸下部垂直地面，从门洞上边缘水平线的位置开始起拱，两圆心拱相交于正中间，顶部略尖。

　　窑脸向内凹入约2尺的地方为窑隔，窑隔是区分窑洞内外的一道墙，上面设置门窗。门窗多为一门两窗，门偏向一侧设置，门旁为侧窗，正对室内炕尾，门上边为脑窗，脑窗上部正中往往开有一个矩形小口，作为通风口。（如图3-58至3-60）

图 3-60　窑脸的装饰

3. 天心内的装饰

天心内的装饰除了体现在四面的崖面以外，最重要的就是院心内栽种的植物了。祈求多子多福的石榴，象征福禄寿禧的牡丹、梅花，寓意吉祥如意的梨树都是地坑院内常见的植物。春有百花夏有绿，秋有果实冬有雪。美好的愿望借用植物的特性，通过建筑装饰加以表达，体现出豫西地区朴素的审美观。（如图3-61至3-63）

图 3-61　天心内的装饰　　　图 3-62　天心内的装饰　　　图 3-63　天心内的装饰

4. 入口空间的装饰

　　园门是进入地坑院的第一道门，是一家的"门脸"所在，能够体现主人的社会、经济地位，讲究的人家都会在园门上花费工夫，精心装饰。俗语称"穷院子，富门楼"（如图3-64至3-66）。

图 3-64　砌砖园门　　　　　　　图 3-65　土拱园门　　　　　图 3-66　园门细部

　　在陕县地坑院，家家户户都设有神龛，一般供奉在院落入口正对门
洞窑的墙壁上，或者正对入口的影壁墙上。神龛尺寸不大，造型讲究，
里面供奉着土地爷。在世代以土地为生的陕县，粮食是老百姓的命根子，
"庙小神通大"，所以家家户户都热诚供奉土地神，祈望风调雨顺，五谷
丰登。（如图3-67至3-69）

图 3-67　山墙上的神龛　　　　图 3-68　神龛细部　　　　　图 3-69　出入口神龛

（二）窑洞内部空间的装饰及特点

　　窑洞内部环境的陈设布置与当地人们的居住习俗密切相关。人们在满足基本的使用需求之后，开始了对居住环境和实用物品的美化设计与点缀，形成了窑洞民居中特有的环境装饰。

　　陕县大多数的窑洞中，室内陈设非常朴实。在窑门口的待客空间中，装饰比较多，一般会用报纸或彩色挂历贴一层打底，上面挂上相片或其他装饰物，以保护墙壁，美化窑洞。再有就是极具陕县地方特色的各类剪纸，装饰在窑洞内、门窗上，体现出当地村民朴素的审美。(如图3-70至3-72)

图 3-70　窑洞内部装饰

图 3-71 室内装饰

图 3-72 室内装饰（崔双才 摄）

四、地坑院的建筑特点

陕县地坑院是豫西下沉式窑洞的典型代表。20世纪80年代以前，当地大约有95%的村民居住其中。文字记载中最早出现地坑院的是南宋郑刚中写的《西征道里记》一书。距今6000年前，孕育在豫西黄土塬上的仰韶文化遗址中，已经发现了黄土穴居的遗迹。陕县地坑院是当地最常见的民居形式，也是陕县悠久历史文化和民俗的载体，具有十分鲜明的地方建筑特色。

（一）地下四合院

陕县地坑院被称为"地下四合院"，四面围合，成"口"字形，对外封闭，内部别有洞天。（如图3-73）整体平面布局严谨，主次分明，尊卑有序，突出"礼"字。

首先，地坑院从选址到建造，处处突出主窑的主体地位。

地坑院建造前有一个十分重要的步骤就是定方位，确定的就是主窑的方位。主窑的方位一旦确定，地坑院的类型随之确定，出入口的位置、茅厕窑和牲畜窑的位置才能确定下来。在当地百姓看来，主窑方位的选择还关系到居住者的财源祸福和后代子孙的福祉，必须与宅主的生辰八字、阴阳八卦相协调。西兑宅、东震宅、北坎宅和南离宅依照主窑的方位确定命名，分别适用于不同命相的宅主居住。

地坑院中，主窑方位的窑洞数量以三孔为最佳，因为三孔象征着福（福运即多子孙）、禄（赐禄即多财禄）、寿（多寿即长命百岁），因此一般人家都会建三孔窑洞。这三孔窑洞最中间的为主，两边为次，但是如果由于崖面较窄，不够开凿三孔窑洞，则可以开凿两孔大小相等的窑洞，

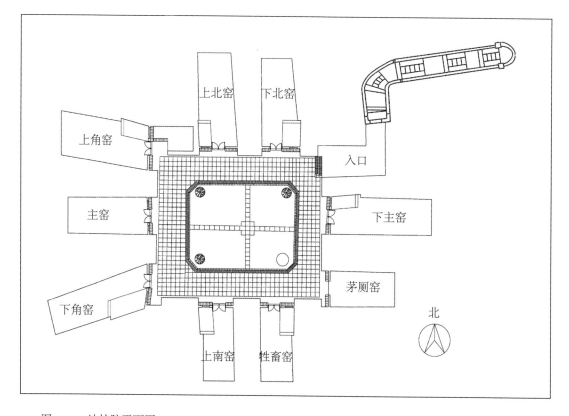

图 3-73　地坑院平面图

而在两者正中间偏上的位置开凿一个壁龛，作为主窑，又叫"天窑"，
用作供奉天地神位，以弥补三星不足。(如图3-74、3-75)

其次，地坑院中的窑洞设置主次分明。主窑与住窑，主窑与牲畜窑、
茅厕窑的区别明显。

走进地坑院，一眼就能分辨出主窑的位置所在。主窑的规模最大。
(如图3-76)一般为"九五窑"，即宽九尺五寸，高九尺。有的主窑高达4.5
米，室内设置夹层。窑脸开设一门三窗，即脑窗一个，门左右两边对称
设置侧窗，或者脑窗下面直接设置四扇落地格栅门。门窗一般设内外两
重。外面为风门，下部设印花裙板，上部为棂格扇，玲珑剔透，装饰性

强。里面为老门，保温隔热效果好。窗户的外层为棂格窗，内层做法和老门相似。门窗做工精致，外饰黑漆压红边。讲究的人家还会在主窑门洞两侧设置砖雕，形制隆重。主窑上方的拦马墙也要比其他各边高出两皮砖，正对主窑的位置，还要用砖瓦砌筑花活或设置砖雕，增强装饰性，强调主窑地位的重要性。

　　住窑的规模比主窑稍小，一般为"八五窑"，高八尺五寸，宽八尺，一门两窗，一脑窗一侧窗。(如图3-77) 牲畜窑 (如图3-78) 和茅厕窑的规模最小，位置也选在八卦中"五鬼"和"六杀"上，不能更改。茅厕窑一般只开洞，不设门，洞口的尺寸仅供人通过，较其他窑小得多。在一座地坑院窑洞数量的计算上，茅厕窑只算洞口，不能归到"窑"的总数内，所以当地有"10洞8窑"之说。(另外一"洞"指的是门洞，它是连接地坑院与地面之间的通道，功能特殊，和一般"窑"的功能不同，因此算"洞"不算"窑"，有的地方也叫"门洞窑"。)

图 3-74　天窑的位置

图 3-75 天窑的形式

图 3-76 主窑在地坑院中的地位十分突出

　　第三，地坑院出入口设置讲究。主窑、出入口和起灶的位置是地坑院布局中着重考量的三个方面。主窑的方位确定以后，接下来就是确定出入口的位置。出入口也叫门洞或门洞窑，设置有诸多忌讳。一忌直对大路，二忌直来直去，三忌直对窑门，四忌开忠义门、露财门。建造地坑院，天井挖好之后，第一个要挖通的就是门洞窑，然后才是其他窑洞。门洞弯曲前伸，向内环抱着天井院，从地面通向院落。第一道是园门，区分室内与室外；第二道是大门，区分家内与家外；第三道是二门，区

图 3-77　住窑

分院内与院外。大门和二门口，还有正对二门的照壁，往往开设神龛，供奉土地神位。出入口是主人的门脸，是地坑院留给人的第一印象，也是主人花心思装饰的地方。出入口还是区分内外的所在，旧时一些礼制的约束就体现在出入口的门槛内外。

第四，居住者的身份与住窑位置相匹

图 3-78　牲畜窑

配。旧时的宗法制度讲究尊卑等级，长幼有序，体现在地坑院中，就是居住者的身份地位与住窑的位置相对照。以10洞8窑的西兑宅为例，地坑院中主窑地位最高，一般不住人，作为仪式空间存在，如果住人，一定是家中最年长者（父母）居住。主窑北南两侧分别是上角窑和下角窑，上角窑住长子，下角窑住次子。接下来三子住在上北窑（靠近主窑方向为上），四子住在下北窑。上南窑和下主窑一般不住人，作为储物之用。还有一种说法是，待字闺中的姑娘住在上角窑，出嫁后其他的兄弟依次调整居处。第三种说法是家中的长子居住在最下的窑洞里，待父母百年后，长子可以直接继承主窑，居于家中长位。不论是哪一种分配方法，都体现出一个"礼"字，长幼有序，各安其位，空间的使用与居住者的身份一一对照。

（二）融入大地的减法空间

地坑院的建造不同于一般的民居，不是传统上使用建筑材料搭建房屋的"加法"，而是在平阔的黄土地上，用挖去的"减法"得到居住空间，形成了十分独特的民居类型和村落景观，被称为"地平线下的村庄"。所谓"见树不见村，闻声不见人；人在地上走，树在脚下摇""未见村郭闻犬吠，等闲平地起炊烟"描述的都是这种村落景象。

从门洞窑进入一家一户居住的地坑院，要经过地平面（如图3-79）——甬道（见3-80至3-84）——园门（如图3-85）——大门（如图3-86）——门洞窑（如图3-87、3-88）——二门——天心（如图3-89）——院心（如图3-90）——各个窑洞内部等一系列的空间转换。空间变化丰富，序列独特，形成了十分特别的感受。

图3-79 地平面

图 3-80　入口

图 3-81　甬道

图 3-82　甬道

图 3-83　甬道回看

图 3-84 甬道

图 3-85 园门

图 3-86 大门

图 3-87 从院心看门洞窑

图 3-88　从门洞窑看天心

图 3-89　出门洞窑进入天心

图 3-90　从窑皮看院心

　　平坦的黄土地面逐渐往下伸展，形成一个一米左右的缓坡，这就是进入地坑院的甬道了。甬道上方与窑皮交接的位置一般设置有拦马墙，地面铺有青砖，入口处放置两个石墩，种上一棵核桃树。绿荫掩映下，村民在此歇脚聊天。坡道多是弯的，顺坡而下，抬头便看见一个青砖砌筑的尖拱形门洞，通常镶嵌一副匾额，写有"福寿安康"等，这就是园门了。园门是地坑院的第一道门脸，也是区分室内外的一个分界线。过了园门，塬上炙热的阳光被挡在身后，厚厚黄土带来的阴凉扑面而来。继续向前，头顶由蓝天换成了黄土，光线暗了下来，坡道的尽端伫立着一座门。黑板门镶红边，朴素而庄重，这是地坑院的大门。倘若门上落锁，就无法进入院内，因此这是一道关系到地坑院安全防护的门。跨进大门，便进入了门洞窑，地面变得平坦。门洞窑中靠边会放置一些农具，一侧设置一个凹入的拐窑，里面打一眼吃水用的水井。门洞窑的尽端设置第二道门，称为"二门"，二门成为区分内外、男女有别的礼仪之门。现在的地坑院往往不设置二门门扇，门洞窑直通地坑院，空间由暗转亮。站在门洞窑内来回观望，深长的门洞两端都有强烈的阳光，这里仿佛是一条时空隧道，一端沿坡道蜿蜒而出，连接广袤的黄土塬地，一端通往封闭安静的农家院落。

　　出了门洞窑才真正来到地坑院中。四方的崖面围出四方的天井院落，头顶是四方的蓝天，脚下是四方的黄土地，这就是凹入大地、深入黄土的"地下四合院"。虽然看不到太阳，依然能时刻感受到它。阳光毫无遮拦地从上面照下来，在院子的一侧投下浓重的阴影。院心种有一两棵石榴、柿子或梨树，饱满的果实在枝叶间闪着光。黄土崖面上整齐地排列着一孔孔窑洞，略扁的尖拱，精致的窑脸，贴着黑色剪纸的门窗，还有串串火红辣椒和金黄玉米，处处透着农家生活的满足与安详。

　　沿着环绕院心的砖铺通道，可以走到每一孔窑洞门前。拉开精致的风门，推开厚厚的老门，走进主人生活起居的窑洞内，又是不同于院子内的一阵阴凉。窑洞内正中是尖拱的最高处，由此顺弧线而下连着墙直至地面，天花和墙面连在一起，与地面浑然一体，这是从黄土中挖出的居所，与大地紧密相依。紧挨门窗用土坯盘出火炕，对面设置桌子和八仙椅，这里可以晒到阳光，宽敞明亮，是生活起居和接待客人的地方。炕尾盘上锅灶，是冬天生火做饭的所在。再往里，光线暗下来，温度也比门口低了，用作储藏粮食、放置物品。窑洞和农家的生活息息相关，一切都显得那么妥帖。深厚的黄土隔绝了外界的噪音，窑洞内部十分安静，一辈子住惯了窑洞的老人很难适应地面上的车水马龙——太吵了，不接地气儿，睡不着觉。

地坑院扎根在黄土塬上，和大地融为一体，形成了自身十分独特的空间形式和空间感受。

（三）冬暖夏凉的生态住居

陕县地坑院取之自然、融于自然。建造时只需开挖黄土，花费最少的人力资源。建成后，无须消耗多余能量，即可保持室内温度冬暖夏凉。根据实地测量，地坑院窑洞内的温度夏季在25℃左右，冬季在10℃左右。冬季加上做饭烧炕，基本不需要再增加取暖设备，室内温度可以保持在15℃左右。所以，窑洞的使用维护费用低，消耗能源少。

陕县黄土窑洞是在黄土高原天然黄土层下孕育生长的，它依山靠崖，妙居沟壑，深潜土塬，凿土挖洞，取之自然、融于自然，是"天人合一"环境观的最佳模型。

黄土窑洞因地制宜、就地取材、适应气候，生土材料施工简便、便于自建、造价低廉，有利于再生与良性循环，最符合生态建筑原则。

因为窑洞是在黄土中挖掘的，只有内部空间而无外部体量，所以它是开发地下空间资源、提高土地利用率的最佳建筑类型之一。

窑洞深藏土层中或用土掩覆，可利用地下热能和覆土的储热能力，冬暖夏凉，具有保温、隔热、蓄能等功能，是天然的节能建筑典范。

（四）自主协调的塬上村落

一座座地坑院构成的村落除了有独一无二的塬上景观外，还有许多看不见的秩序隐藏其中，维护着地坑院的共同发展，显示出世代生于斯长于斯的村民智慧。

1. 窑皮的使用

地坑院村落在地面上看一马平川，除了出入口和天心之外，各家各户的窑皮都连在一起，很难区分。实际上，这里有看不见的界限存在。

每座地坑院在修建之初，都有用地范围。中华人民共和国成立前是买地所得，成立后是划分的宅基地。院落的建造包括地下窑洞的开挖都是不能超过用地范围的。倘若用地位于主路与支路的交叉口，又是第一户建造，还要退让出相邻地坑院的出入支路用地，一是为了交通，二是为了排水。因为窑洞最怕雨水侵蚀，窑皮上空无一物，并且要经常除草碾实，就是为了方便排除雨水。自家窑皮上的雨水不能排入别家的场地上，只能汇集后，直接排入公共道路或者沟壑内。一般来说，窑皮要高于支路的高度，窑皮上的雨水才能顺利排走，所以村中的支路往往也是排出雨水的通道。窑皮是打谷物、晒庄稼的绝佳场地。农户收获的作物堆放在自家窑皮上，秸秆草垛挨着窑皮边缘设置。婚丧嫁娶时，不能在

图 3-91　窑皮

别家窑皮上经过，必须走村中道路或两家院落的分界线进入自家地坑院的出入口。(如图3-91)

除了以上这些特殊用途，窑皮大部分时间都是公共的活动场地，孩子们做游戏，村民们聊天、吃饭，都喜欢聚集在这里。

2. 相邻地坑院的变通

相邻两家的地坑院也会出现一些特殊情况。比如用地受限，不够下两座完整的地坑院。这时往往是两家协商，人口比较少的一家有一个崖面不开窑洞，另外一家下一座完整的院落，并给邻家适当补偿。(如图3-92)还有方院子的时候，两家的出入口位置挨在一起，用地不够，采

图 3-92　窑洞相连

用合入双分的方式：出入口合成一个，两个坡道分别下到两家。(如图
3-93至3-95) 这些特殊情况的处理，反映了塬上村落的风土人情，也形
成了更加独特的地坑院景观。

图 3-93　两家公用出入口

图 3-94　一个入口，两个坡道　　　　图 3-95　两个坡道汇合处

3. 角窑的设置

每个地坑院的用地不同，方位不同，主窑所在的崖面宽窄也不一样。主窑的崖面一般开设三孔窑洞，主窑位于正中，大小相对比较固定，可以调节的就是两侧角窑的大小。拿常见的10洞8窑来说，崖面较宽的，在保证窑腿宽度的同时，可以并列打三孔窑洞；（如图3-96）稍窄些的，角窑做到尖拱处，露出半个窑脸；（如图3-97、3-98）再窄些，露出将近1/2个窑脸；（如图3-99）最窄时，只打一孔窑洞，变成8洞6窑，角窑

图3-96 角窑完整

图 3-97　角窑露出大半个窑脸

图 3-98 角窑露出半个窑脸

图 3-99　角窑露出小半个窑脸

只象征性地出现在主窑崖面上一个角。（如图3-100）角窑露出大于等于1/2，还可以做成并列两孔大小相当的窑洞，两者之间的窑腿上方设置天窑。（如图3-101）角窑窑脸不能全部露出的，沿窑脸方向继续向内挖，形成"夹槽"空间。夹槽的设置使窑隔保持完整，方便设置门窗。

　　主窑和角窑的调整兼顾地方民俗、实用和美观，增加了窑洞空间的丰富性，显示出地坑院民居布局方面的灵活性。（如图3-102至3-105）

图 3-100　角窑象征性地出现

图 3-101　并列设置两孔住窑，中间设天窑

图 3-102　角窑细部

图 3-103　角窑细部

图 3-104　角窑细部

图 3-105　角窑细部

第四章　地坑院的建造

一、地坑院的建造工序

　　建造地坑院的过程十分讲究，从准备到建成，大致要经过方院子、下院子、打窑、安门窗等几个步骤。方院子是地坑院建造前的一个十分重要和讲究的环节，与当地的建造习俗密切相关，主要内容是确定方位和定"天井"尺寸。下院子主要指的是在平地上向下开挖天井的工程。挖好院坑后，沿崖面向里挖窑洞，称为"打窑"。下院子和打窑是地坑院建造过程中的土工部分。窑洞挖好后，修正窑脸，安上门窗，盘炕砌灶，就可以入住了。制作和安装门窗是建造地坑院的木工部分。经济条件比较好的人家，用砖瓦加固窑脸，砌筑槛墙、拦马墙和眼睫毛，修建园门，铺砌院落，这些属于建造地坑院的砖瓦作部分。

图 4-1 确定方位的罗盘仪

（一） 方院子

　　地坑院建造之前，首先要定方位，确定天井院的长宽尺寸，俗称"方院子"。宅院选址时，要请当地的风水先生使用罗盘仪确定方位（如图4-1）。接着是造地形，定坐向，按照阴阳方位决定主窑的位置。主窑的位置确定后，地坑院的坐向和所属就随之确定了，结合八卦的方位分为四类：东震宅、西兑宅、南离宅、北坎宅。然后按照已经确定的方位下线桩，择吉日奠基，俗称破土，燃放鞭炮、焚香叩头后在地基的中央和四周各挖三锨土，方可动工。

（二）下院子

　　开挖地坑院，当地人也叫"下院子"，主要是指开挖院落天井的工程。

开挖时，比预先定好
的院坑稍小一点的尺寸（向
内收1尺）开始往下开挖，
为后期的修正留下余地。
院子的其中一边要留成斜
坡，以便往外运土。在挖
到4米深之前都是用人挑土

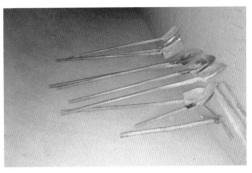

图 4-2　挖窑的工具

从坡道往上运土；挖至4米以下时，在院坑边支起一个绞车装置向上提
土。（如图4-2至4-4）对于较小的院坑，可整体开挖，边开挖边整理，对
于较大的院坑，从安全和缩短工期方面考虑，在院面上划好院坑范围后，
可分次开挖，先沿边开挖3米宽的深槽，直到所需深度，然后修整外侧
土壁，开挖中心环岛。院坑大致挖成后，开始进行表面修理平整。

天井院落的开挖一般有三种施工方式。第一种是渐进法，建造者利

图 4-3　绞车

图4-4　开挖窑洞

用闲余时间，自己开挖，自己运土，经年累月，最终完成。这种方法节省财力，耗费时间长，适用于经济条件比较差的人家。第二种方法是速成法，请亲戚邻居帮忙，许多人连续开挖十天半月，院心天井基本挖成，剩余的工程由自家人，逐步完成。在邻里守望互助的农村，这种方法使用最为广泛。第三种方法是承包法，按照当地当时的行情价格，将院心天井开挖土方工程承包给外地或本地的"土工"，由他们来完成。这种方式是经济殷实的人家或集体下院子选用较多的。

（三）开挖门洞窑

院心天井基本挖好之后，接着要开挖门洞窑，解决上下地坑院的垂直交通问题。门洞窑的地面一般是1∶12的斜坡，窑底与向外挖出的弧状甬道相连，直至地面。门洞窑挖好后，就可以将原来留在一侧做上下

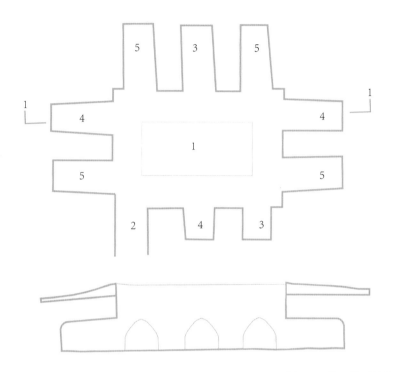

图 4-5　院子的开挖顺序

用的坡道挖掉，这样院心天井的轮廓就出来了。然后请有经验的匠人（当地叫强人），用四爪小铁耙将四周崖面"刷洗"（整理的意思）成1∶10左右的平整坡面，以防止崖面的滑塌。刷洗后的崖面上，铁耙留下的痕迹形成不规则的图案，十分质朴美观。

院心天井挖出来的土，一般并不拉走，就地垫在窑顶并碾压结实，使窑皮自拦马墙向四周由高变低，形成缓坡，防止雨水倒灌入院子。

（四）打窑

院心天井和门洞窑完工后，就可以进行其他窑洞的开挖工作。窑洞的凿挖，又叫打窑，几孔窑可以同时进行，一般先挖主窑和茅厕窑。（如图4-5）

打窑完成后，接下来要修整窑脸和砌窑洞的前墙——窑隔。窑脸主要就是尖拱曲线的砌筑。这部分工程也是由专业匠人完成的。窑脸和窑隔的砌筑可以同时进行。

（五）安门窗

窑隔的窗下墙建起后，先安装门框和窗框，然后装上门扇和窗扇。外侧窗多为窗棂，内层或镶玻璃，或以纸糊窗花。门多为木框板门，无任何雕饰。门的上部安装脑窗。

挖好一两孔窑洞，人就可以搬进去，再慢慢挖其他窑洞。这个过程很漫长，主要看是否急于使用。茅厕窑，一般先挖小一点，粗糙些，能使用就行，以后再逐渐修缮成型。

不论是开挖窑院还是各个窑洞施工，每一步施工过程，不能操之过急，要根据土壁土体的干湿情况决定是否继续开挖施工。这是根据黄土的特性要求，土体过于潮湿，强度很低，容易发生崩塌，对安全开挖不利，需要经过适当的晾晒。相反的，土体过干，也不利于开挖。所以挖掘与晾干这种工序往往要重复好几次。

一座地坑院从开工到建成，一般要历时3～5年的时间。一座地坑院往往有十几个窑洞，这些窑洞并不需要一次挖完，通常都是慢慢挖的一个过程。如果说主人需要尽快住进去的，可以先挖好一两个，收拾妥当即可。余下的窑洞可以继续挖。窑洞的形式也是多样的，可带有拐窑、密室或相通的甬道，既不影响居住又不影响施工。

二、技术做法

（一）土工

1. 窑皮

窑皮又称为窑顶，窑皮是当地人的一种叫法，相当于现代建筑的屋顶。地坑院的窑皮基本上都是碾实的黄土面，很少种植植物，仅仅在户与户的边界种植少量的树木，视线无遮挡，一览无余。（如图4-6）地坑院是黄土自承重体系，它的承重性能会因为水的渗入而减弱或者丧失，进而引起塌窑的情况发生。窑顶上存在裂缝或者植物根系，会破坏黄土本身的密实性，使土壤结构松散，渗水性增强，容易导致窑洞塌落。所以窑顶不种植作物。

图 4-6 窑皮

窑皮空间完全开放。这种开放包括两个方面，一方面是空间自身的开放，整个空间场完全暴露在自然环境下。另一方面是对人的开放，人们可以在上面聊天、吃饭、散步、晾晒农作物等。(如图4-7) 由于场地的完全暴露，人的活动受限于自然条件，烈日炎炎或者寒风肆虐时，窑皮就不适合停留。

窑皮最重要的是排水和防水。窑皮设置坡度以利排水，通常是直接土层找坡。主窑方向地势较高，茅厕窑方向地势较低。窑顶上的水自高向低，流出窑皮，流入村落道路或者排水明沟。除此之外，窑皮要经常碾压。经过碾压，窑皮平整，密实度增大，渗水性减弱，利于排水，并可以做打谷和晒谷之用。(如图4-8)

图 4-7 窑皮作为休闲空间

图 4-8　窑皮作为生产空间

2. 崖面

窑洞的崖面是窑洞空间的竖向界面，崖面的主要功能是装饰和保护窑洞外立面。暴露于室外的黄土层，要经受风吹、日晒、盐雾腐蚀、雨淋、冷热变化等，在这些外界自然环境的长期反复作用下，面层易发生开裂、粉化、剥落、变色等现象，所以整修崖面能够使窑洞外观整洁并延长其使用寿命。值得注意的是崖面是向后倾斜的，从下至上向窑院外倾斜1尺左右，使崖面的稳定性更强，并且有利于采光。(如图4-9)

崖面的做法有两种，一种是直接用秸秆泥抹面。用土或者是麦秸混合泥直接在崖面上涂抹平整。(如图4-10) 一般要泥两层，粗泥一层，厚度10毫米～15毫米，起着与基层崖面黏牢和初步找平的作用；细泥一层，厚度约5毫米，是表面的装饰层。另一种是先砌筑土坯，再用秸秆泥抹面。(如图4-11、4-12)

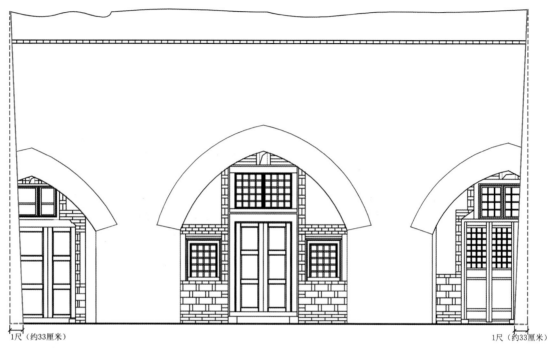

1尺（约33厘米）　　　　　　　　　　　　　　　　　　　　　1尺（约33厘米）

图 4-9　崖面倾斜，天心上大下小

图 4-10　崖面直接用麦秸泥抹面

图 4-11　崖面先用土坯砌筑，再抹泥

图 4-12　完工后的崖面

3. 打窑

打窑的过程由打窑、剔窑和泥窑三部分组成。

第一步：打窑。

窑院挖好土壁晾干后，便可打窑，所谓打窑就是把窑洞的形状挖出。窑匠先在坑壁上起券，券的形状多为双圆心拱，村民称为"朝手拱"，是由当地窑匠根据窑址的土质条件依经验确定的。（如图4-13）朝手拱打窑时，窑匠先挖一个样板，深约50厘米，接着由主家沿着窑匠起好的券形往里挖，开挖的洞口只能比券形小，不能大，但不必整齐。当挖到2米～3米后，要停下一二十天，将新挖出的窑面风干坚固。晾干之后，再继续往深处挖2米～3米，再晾。重复2～3次，直到窑洞尺寸接近预定深度。打窑不能操之过急，否则洞壁土中水分大，容易坍塌。（如图4-14、4-15）。

图4-13　朝手拱

图 4-14   挖窑要由小到大，边挖边晾   图 4-15   打窑

第二步：剔窑。

依照窑券小尺寸开挖，窑洞粗挖完成后，洞壁凹凸不平，且略小于窑匠最初画的券形，这时还要请窑匠来，从窑顶部开始进行修削，剔出券形，然后把窑内壁刮光，使其平整。这个过程叫作"剔窑"或"洗窑"。

第三步：泥窑。

等窑洞晾干之后，接着用黄土和碎的麦草和泥用来泥窑，使窑洞内壁光洁美观。泥窑的泥最好用干土拌和而成的泥性黏土，不宜采用湿土拌和。干土拌和的麦秸泥，泥出的表面光滑平顺。泥窑和崖面抹面施工一样，也有泥三层的，除了粗泥一层和细泥一层外多一层中间层，厚度约5毫米，起进一步找平的作用，弥补粗层干燥后收缩出现的裂缝。

4. 土炕

土炕是窑洞中最重要的生活设施。地坑院具有冬暖夏凉的特点，一年四季基本不需要空调。在冬季少有的湿冷天气，当地居民用烧土炕的办法驱冷御寒，并将烧饭用的锅灶与土炕连通，烧饭过程中产生的热量被再次利用，服务于村民生活。不但解决了取暖问题，更节省了能源。（如图4-16、4-17）

正是由于土炕在窑居村民的生活中具有如此重要的作用，住窑的功能布局中首先考虑的就是炕的位置。土炕通常布置在窑洞门内靠窗且紧贴着窑隔的位置，选择这样的布局原因有二：一是靠近门窗的地方阳光充足，温暖舒适采光好，大人们在炕上做针线活、剪窗花，孩子们读书玩耍都有很好的光线。而窑洞底部相对阴凉潮湿，光线昏暗，不适合开

图4-16 土炕

图 4-17　与土炕相连的灶台

展日常活动。二是出烟便利。土炕紧贴窑隔布置，烧炕产生的烟尘通过砌筑在窑隔内的烟囱直接排出，快捷方便。

盘炕所用的主要材料就是当地村民自制的土坯，俗称"胡棋"，(如图4-18) 所以土炕的尺寸和土坯密切相关。一块土坯的尺寸为一尺二寸长，八寸宽，一寸二高。土炕长度为七尺六寸，就是六块土坯的长度加上四寸宽的"倚墙"；宽度为四尺

图 4-18　盘炕用的土坯

四寸，就是五块土坯的宽度加上四寸宽的炕沿。

"倚墙"是土炕和灶台之间的分界墙，宽四寸即一匹砖的宽度，比炕面高出3~5匹砖的高度。倚墙可以阻隔做饭产生的水蒸气，防止打湿被褥；还可以做搁置物品的台面。妇女边做饭边照顾在炕上玩的孩子，倚墙还起到安全护卫的作用。

住窑多用"八五窑"，窑洞宽度为八尺，炕的宽度为四尺四寸，超过窑洞宽度的一半，考虑到门窗的设置和窑洞内部空间的使用，土炕向窑腿方向移进一段距离，因此室内的窑腿比室外多刷进八寸，称为炕箱，平面上看起来像是将土炕嵌入到了窑腿内一样。炕箱的设置十分巧妙，反映了窑洞实事求是、注重实用与美观相结合的民间营造智慧。

土炕的砌筑主要分为三个步骤：

第一步，砌横灶。（如图4-19）横灶就是烧炕时填放柴火的地方，位置距倚墙二尺，宽八寸。用五层土坯砌筑横灶和炕边，土坯中间可以

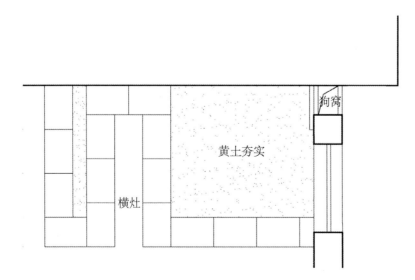

图 4-19   砌横灶

用黄土夯实或者土坯直接砌筑。第一步完成后得到一个高六寸的土台，中间有一个宽八寸，高六寸，深三尺六寸的洞口——横灶。窑隔处的烟囱用土坯立砌，中部留空，和土台之间用土坯隔开。

第二步，砌炕腿。（如图4-20）先沿倚墙、炕沿和窑隔立砌两匹土坯，通往烟囱的地方留空。中间部分用土坯两两相对，立起，直接放置在土台上，中间不用黏结材料。沿炕长度方向共有五通（其中一通不是完整土坯），每通之间净间距二寸左右。沿炕宽度方向共有六组，每组间距八寸。烟囱与炕连接处不设土坯，直接连通。横灶上方的土坯两边各跨二寸，并向上砍削一个直径为八寸的半圆，加大横灶的空间。这样，就形成纵横交错的烟道，与横灶、烟囱互相贯通，连为一体。（如图4-21至4-24）

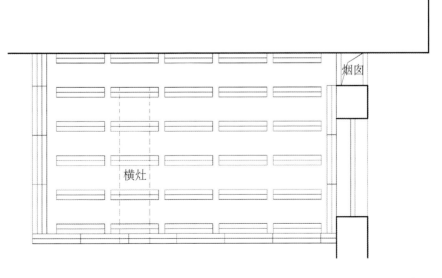

图 4-20　砌炕腿

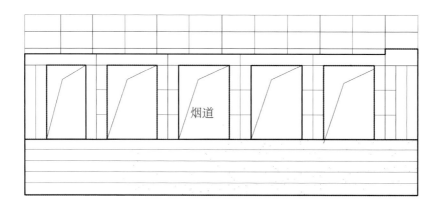

图 4-21　土炕横剖面

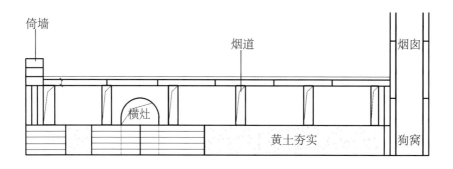

图 4-22　土炕纵剖面

图 4-23　土炕内部砌法　　　　　图 4-24　土炕内部烟道

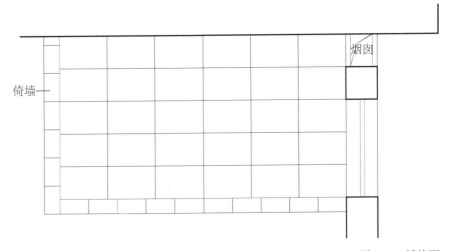

图 4-25　铺炕面

　　第三步，铺炕面。(如图4-25) 边上沿倚墙和炕沿顺砌一匹砖，里面用横五竖六共三十块土坯铺设炕面。再用黄土和麦秸混成的泥抹面两分，用抹子抹平。烧炕，直到炕面上出现"花皮"(龟裂纹)，这时面层的黄泥半干半湿，在炕面上铺一层麦糠，约三寸厚，使炕内积存的湿气全部被吸收。这时的热炕不能睡，否则损伤身体，必须停火，等炕凉透了，再次烧热，方可睡人。

图 4-26　与土炕相连的烟道

图 4-27　盘炕用的土坯越烧越结实，可以再次利用

砌筑在窑隔里的烟囱，低于炕腿的部分叫作狗窝，可增加烟囱的拔风效果。烟囱在窑隔部分，是用土坯砌筑而成，再往上进入窑顶，是用"勺铲"（一种挖窑工具）在黄土中掏出的直径约2寸的洞，直达窑皮，在拦马墙的位置伸出，形成一个出烟口。（如图4-26）

制作盘炕所用的土坯，是用当地的白土，加入适量的麦秸，经过浸水、拌和、翻晒、糅合、进模、成型、脱模、晾晒等工序完成。（如图4-27）这样制作的土坯，未经过烧结，孔隙率较大，热空气能够在土坯的孔隙中保留较长时间，因此土坯较之于其他材料更有利于保温，用土坯盘炕可以长时间保持炕的温度，也保持了窑洞内的温度。另外，土窑中用土坯而不用其他材料盘炕，也是一种习俗，在当地有"接地气"的说法，村民白天生活起居在黄土窑洞中，晚上休息在土炕上，日夜与"土"保持零距离，同呼吸共命运，反映了当地浓厚的土文化。

（二）木作

1. 窑洞门的分类

地坑院中的门按照位置可分为大门、二门和窑洞门三种。大门又叫哨门，起着守卫门户安全的作用，一般用厚木板制作而成。（如图4-28）二门和大门的做法相似。（如图4-29）院内窑洞门数量多，是联系院落和室内空间的通道，常作为院落内的装饰重点精雕细刻，生活气息浓厚。（如图4-30、4-31）

窑洞门按照形式分为老门和风门两种。老门通常用板门形式，饰以黑色油漆，主要起保温隔热作用，还可阻挡视线。（如图4-32、4-33）风门在老门的外侧，下面是铁红色实心板，上面是形式多样的草绿色花饰

图 4-28　大门

棂格。棂格里面糊白纸，贴窗花。风门色彩鲜艳，轻巧通透，装饰性强。
（如图4-34、4-35）院落内的窑洞门，老门必须安装，风门可根据各家情
况选用。

图 4-29　门洞窑安装二门或不装门窗

图 4-30　三窗一门

图 4-31　二窗一门

图 4-32　老门正面　　　　　　　图 4-33　老门背面

图 4-34　风门　　　　　图 4-35　风门安装在老门的外侧

2. 窑洞门的做法

从正面看，门脑、门边和门槛组成老门的矩形门框，是门的承重骨架。门扇板由2~3块实木板拼接而成，背面用"步"支撑加固，是门的主体。门上的配件——门环、门扣等五金部件和背面的门闩起到安全防卫的作用。（如图4-36）

常说的老门尺寸是指门口的尺寸。所谓门口就是门框，指的是构成门骨架的矩形框，门口的尺寸指的是这个矩形框的内轮廓尺寸。（如图4-37）老门的高度为4尺8寸5，宽度从2尺3寸5到3尺5寸不等。大门和主窑的门一般宽2尺8寸5，也有2尺9寸5的，最大做到3尺5寸。下主窑和偏正窑的门宽为2尺7寸5，其他窑洞门一般宽2尺6寸5。门口的尺寸和窑院的大小、窑洞的大小相匹配。地坑院大、窑洞宽敞时，门口宽一些，高一些，边的尺寸大一些。反之，则要小一些。

门框的构件尺寸以门脑最大，宽度在5~8寸不等，长度两端比门边多出3寸；门边次之，宽4~6寸；门槛最窄，2寸5、3寸~5寸。门边、门脑和门槛等构件尺寸也都有调节的余地，一般取整寸数，根据窑洞的实际情况选择合适的尺寸。另外，门框尺寸大小还与房主人的经济实力有关。主家有钱，木料充裕，可以适当做大一些，装饰的内容和花样也会多一些。

门扇板的高度为门口高度加上门脑与门关钻差的一半，再加上门槛的高差。门扇板的宽度为门口尺寸的一半加上门扇板的厚度，再加掩扇的宽度。掩扇宽1厘米，它的作用一是使大门内外互不相见，二是使门钻呈圆形，方便开关。

风门的组成如图4-38所示。竖向的风门边和横向的门挡构成风门的承重骨架，门扇上部是"方"构成的风门棂，下部是薄木板制成的装板，

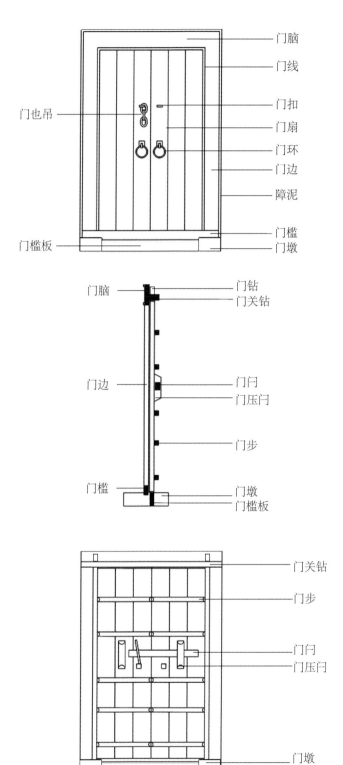

图 4-36　老门的组成

图 4-37　门口

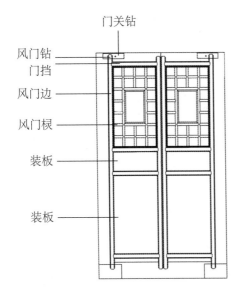

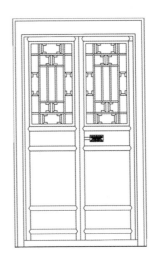

图 4-38　风门的组成

上面贴画或者油漆绘画。风门棂中的"方"要求方方正正，数量根据门的尺度调节，一般棂的总高度不超过门高的一半。中间装板的高度固定是4寸，风门棂和下层装板的高度可以调节互动。

风门边和门挡的宽度为1寸2，厚度为1寸5，多为弧形，弧度为3分（1尺=10寸，1寸=10分）。风门钻和老门钻一样，上出头2寸5，下出头1寸。

风门和老门分别安装在门框的两侧，上面固定在门关钻内，下面放在门枕石上的门窝里。（如图4-39）门墩又叫门枕石，正面是边长为4寸的正方形，侧面长1尺2寸，上面刻两个直径1寸2的半圆，一个用作风门窝，一个用作老门窝。老门的门关钻的位置比门扇板高度低1分，老门安装方便，装好后连接紧密，不易脱落。

图 4-39　门墩与门的安装

3. 窑洞窗的分类和做法

地坑院窑洞的窗户按照位置分为脑窗和侧窗两种。脑窗在门的正上方，多为固定棂格窗扇。侧窗在门的侧边，正对土炕，有内外两层，外层棂格窗多为固定窗，内层为开扇窗。(如图4-40至4-42)

图 4-40 脑窗与侧窗

图 4-41 脑窗

图 4-42 侧窗

窗的组成如图4-43所示。窗脑、窗边和窗槛组成窗框，是窗户的承重骨架。窗框里面用棂格，是窗户的主体，内糊白纸，上贴窗花。棂格的形式和风门统一，有方棂、圆棂、八方套等。（如图4-44）有的棂格窗里面再装两个窗扇，实木薄板拼合而成，可以打开，可以封闭。（如图4-45、4-46）开扇窗做法和安装方法都与老门扇相似。窑洞的侧窗，棂格窗必须安装，开扇窗可根据各家情况选用。

窗户上有几个细部设计。（如图4-47）一是设置障泥。窗边外缘上面和左右两侧设障泥，宽度1寸2，厚度为2寸2。障泥内侧与棂格取平，方便糊白纸，外侧突出。二是窗边内缘上边和左右两侧设窗线，窗线是在窗边上直接做出，向内凹入。障泥和窗线一凸一凹，红漆刷面，和黑色的窗边对比鲜明，增加了窗户的层次和装饰性。这种做法同样用在门框的细节处理上。

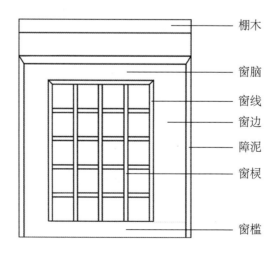

图 4-43　窗的组成

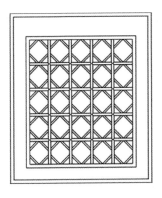

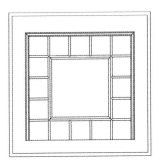

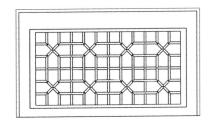

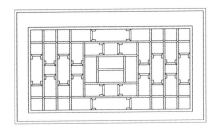

图 4-44　窗棂的形式

图 4-45　侧窗可设置内外两层

图 4-46　开扇窗

图 4-47　窗户细部设计

　　制作门窗的木料多是就地取材，椿木和槐木用得比较多，最好是回椿木和香椿木。原木晾好之后，锯成厚度为1寸2、1寸3的木板备用。大门的用料大，板材厚，窑洞老门和窗次之，风门板用料最小。材料厚度的选用反映出不同的功用，装饰构件用料相对轻薄。

（三）砖瓦作

地坑窑院中的砖石作多用于拦马墙、眼睫毛、窑脸、圆门、铺地等。

1. 拦马墙

窑顶拦马墙是砌在崖面顶部的矮墙，（如图4-48）它的功能是排水和安全防护。它是窑洞民居的顶部天际线，形成地坑院天心边缘的标志。

拦马墙的类型样式很多，跟当地的建筑风格以及工匠的手艺有关。拦马墙既有砖石实砌，也有透花图案组成。当地的构造做法多用土坯或砖砌花墙。结合青砖、红砖的色彩变化以及瓦当的曲度做成各种图案。

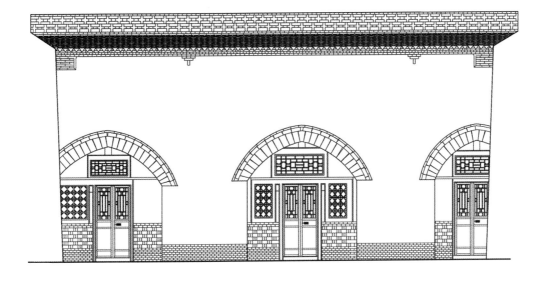

图 4-48　拦马墙在崖面的最上方

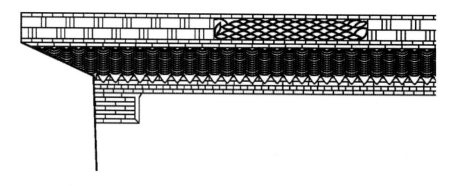

图 4-49　拦马墙眼睫毛

拦马墙的做法可分为土坯砌筑、夯土砌筑和砖砌。(如图4-49) 砖砌的拦马墙其墙厚可做成120毫米、180毫米、240毫米。砖砌筑方法可分为：一丁一顺、多顺一丁、全顺式、十字形，等等。在有些地方，也可以是砖瓦混合做。拦马墙的砌筑方法多样，其高度一般做到500毫米～600毫米，也有的做到800毫米。根据当地的习俗，主窑上的拦马墙要比其他三边的高两匹砖。(如图4-50)

图 4-50　拦马墙的各种做法

2. 眼睫毛

地坑院为了防止雨水冲刷，保护窑体墙面，在拦马墙与窑脸相接部分上卧瓦做成瓦檐，俗称眼睫毛，多用青瓦铺设。在转角处通过构造处理，有利于排水。转角的构造方式可分为阴角和阳角。阴角（如图4-51）是把排水做在眼睫毛的下面，而阳角则是做在上面（如图4-52）。

小青瓦的排列可以分为下面几种形式：可以排列成按顺序一列一列的；也可以排列成一排压在下一排上，后一排依次接着铺设，砌瓦的层数可以为5层瓦、7层瓦、9层瓦，瓦的尺寸为15厘米长，12厘米宽，瓦一头大一头小，大头面下，小头面上。

眼睫毛的下面有四层砖，最上面的叫作狗牙。（如图4-53、4-54）狗牙一般出100毫米。

在地坑院眼睫毛转角处还有一个特殊的称谓为四头（如图4-55、4-56)，用120毫米 砖顺砌，主要起装饰作用，施工时需要专门把崖上面的四角挖开一个方形，然后在上面砌砖，高为4 ～ 6匹砖。 另外，在有的地方还可以看到一些装饰的做法。

图 4-51　阴角俯视

图 4-52　阳角

图 4-53　狗牙阴角仰视

图 4-54　眼睫毛各层出挑

图 4-55　四头

图 4-56　机瓦阴角做法

3. 窑脸

窑脸,就是窑洞的脸面,也就是每孔窑洞入口处的门脸,是地坑院装饰的重点部位之一。(如图4-57)通常意义上说的窑脸,是包括尖拱曲线在内的装饰。这意味着做法包括两个方面:一是尖拱曲线,二是砌窑脸。

首先要确定尖拱曲线。

(1)确定窑的宽度。窑的宽度跟窑的主从方位有关。一般主窑做到九尺五寸,其他的窑为八尺五寸或者七尺五寸。

(2)确定窑的高度。窑的高度也是根据窑的主从方位来确定。主窑是最高的窑,通常做到3.5米。其他的窑高3.17米。偏窑(厕所与牲畜窑)更低,通常做到八尺五,即2.8米。

(3)确定窑腿的高度。窑腿的高度,一般根据工匠的经验以及主家的要求来确定。通常做到1.6米~1.7米高。如果窑腿高一些视觉上会显得窑比较高。

(4)尖拱曲线的确定。(如图4-58)窑的宽度、高度,窑腿的高度确定之

图 4-57　窑脸

图 4-58　尖拱曲线的确定

后，尖拱曲线的顶点、最低点就已经确定。根据确定的三个点，来画弧线。工匠用镰刀先画一般弧线，再画另一半弧线，最后调整一下两个弧线，使之对称，尖拱曲线就完全地确定下来。

接着是砌窑脸。

窑脸有以下几种形式：黄土窑脸，土坯窑脸，土砖结合窑脸，砖窑脸，水泥、白灰窑脸。

（1）黄土窑脸：崖面（即外墙面）泥好之后，再做窑脸。窑脸宽度一般在400厘米左右，深度在60厘米左右。刻画出基本的形状后，上胶泥，即麦秸混合泥，麦秸泥的厚度一般10厘米～20厘米，通常情况下技术高的工匠涂得厚一些。(如图4-59)

（2）土坯窑脸：土坯，当地人称之为"胡棋"，同黄土窑脸一样，

图4-59　黄土窑脸

先刻画出基本形状，再砌土坯。自尖拱曲线的最低点开始砌，到中间留出一块土坯大小，再从另一端曲线的最低点开始砌。到中间刚好填进去一个完整的土坯，最后上胶泥，抹平。（如图4-60）

（3）土砖结合窑脸：一般土部分的宽度是300厘米左右，与崖面在一个平面。砖部分的宽度为60厘米，出崖面10厘米~20厘米。

图4-60　土坯窑脸

具体做法是：先找出基本的形状，对应砖部分挖进去崖面100厘米左右，然后泥好崖面与土部分。对应的砖部分上一层胶泥，将砖塞进挖好的凹槽内，抹平胶泥。塞砖自曲线的最低点开始，到曲线最高点留空，再转为另一侧，到中间根据留下的空隙再把整砖砍成合适大小填入。最后白灰勾缝。砖的挤压使胶泥层与崖面以及土部分都能很好地结合。早先多是采用丁砖的方式，凹槽挖进去约240厘米，后来逐步采用顺砖的形式。同丁砖相比，顺砖更为省工省料。

（4）砖窑脸：有三部分组成（如图4-61）。一部分的宽度为240毫米，与崖面持平。第二部分的宽度为120毫米，与崖面持平。第三部分宽度为60厘米，出崖面100毫米~200毫米。

具体做法：先找好尖拱曲线的形状，然后砌砖。自第一部分最低点

图 4-61　砖窑脸

起砌，临近中间留空，转砌另一端曲线最低点，到中间位置根据留下的
空隙把砖砍成合适大小填入。然后按着这种方式砌第二部分。第三部分，
先挖进崖面600毫米，在挖进去的凹槽上边缘上一层胶泥，之后将砖按
照第一部分的步骤塞进凹槽。边砌边抹平胶泥使砖与崖面的过渡自然。
最后将砌好的三部分全部做勾缝处理。通常都是蓝砖白灰搭配，灰缝一
般为5毫米～7毫米。

　　（5）水泥、白灰窑脸：做法同黄土窑脸，胶泥部分由水泥或者白灰
代替。水泥浆，由水泥细沙组成，一般采用1：1.5～1：2.5。白灰采用
纯灰膏，加适量水搅拌成糊状。（如图4-62）

图 4-62　白灰窑脸

4. 坚脚

　　窑腿下部与院落地坪交接部分的崖面易受到雨雪的侵蚀以及人为的损害，并且难以修补，所以必须周密考虑，以达到保护窑腿的目的。

　　窑腿的防护主要是砌筑坚脚。（如图4-63）窑院挖好后，在窑腿下部1米左右的位置用砖砌筑坚脚。一般主窑坚脚比其他各窑要高2匹或4匹砖。主要材料是使用当地产的青砖，也有使用红砖的。灰缝用的材料主要有纯泥、砂浆、纯白灰、水泥四种，其中水与纯白灰的比例为1：2～1：2.5，水与水泥的比例为1：2～1：3。

图 4-63　坚脚

　　其构造做法：先挖出100毫米深的槽，以丁砖铺砌方式铺砌跟地面相接的砖，高出地面20毫米左右，来自眼睫毛的水刚好落在此砖上。然后按照窑的类型、等级、位置来砌筑坚脚砖匹数，灰缝用纯泥、砂浆、纯白灰或水泥，最上面一层砖与外崖面的交接处用秸秆泥灰缝，并与上部崖面抹平，跟崖面融为一体。因此，坚脚的总高度就是所需的砖匹数、灰缝及高出地面20毫米三者之和。

5. 地面

地面部分的铺装主要包括出入
地坑院的甬道、室内地面和地坑院
天心内的甬道三部分。

出入地坑院的甬道连接地面与
天心，主要有坡道式（如图4-64）、
台阶式（如图4-65）、台阶结合坡
道式（如图4-66）三种形式。

图 4-64　坡道式甬道

人们由地面进入天心要经过一段封闭的坡道或台阶，这个穿过式的
流线程序是整个地下空间的过渡。其中台阶结合坡道形式比较常用，方
便小型车辆出入，如自行车，小架子车。台阶多是青砖，坡道为黄土或
者是碎石。(如图4-67至4-70)

图 4-65　台阶式甬道

图 4-66　台阶与坡道相结合式甬道

图 4-67　黄土砌筑

图 4-68　砖土结合砌筑

图 4-69　甬道两侧为黄土

图 4-70　甬道两侧为砖墙

　　天心内的甬道宽约2米，高出院心0.3米，（如图4-71）常用青砖铺砌，并做成一定的坡度，以排除崖面周围的水，防止雨水侵蚀墙面。主要材料为黄土、青砖、红砖、水泥。（如图4-72至4-74）具体构造做法是：使用水泥或者砖铺砌，高差根据宅院大小来确定。8孔窑的长形院，沿长边找坡，高差相差10厘米；10孔窑的方形院，上主窑与下主窑地面相差10厘米；12孔窑的方形院，上主窑与下主窑地面相差15厘米～17厘米。

　　窑洞内一般直接将地面找平夯实就可以使用。讲究一些的采用砖铺地。其具体做法：先找平地面，然后铺1厘米～2厘米厚的细土（当地人称为"粪土"，黏合力比较小，较为松散），最后铺砖。自窑洞后部向窑洞前部施工。砖有红色、青色两种。组合样式有多种。

图 4-71　天心内的甬道

图 4-72　方砖铺砌

图 4-73　条砖铺砌

图 4-74　条砖铺砌　　　　　　　　图 4-75　园门上的雕刻　　　　　　　图 4-76　尖拱园门

6. 园门

　　地坑院落园门是进入地坑院的第一道象征性入口。最简朴的园门是就地挖洞，其次是土坯门柱搭草坡顶，进一步是青瓦顶，讲究的是砖拱，上卧青瓦顶。园门上部的具体做法与拦马墙和眼睫毛相似。(如图4-75至4-82)

图 4-77　不设园门　　　　图 4-78　圆拱机瓦　　　　图 4-79　圆拱瓦顶

图 4-80　圆拱门　　　　图 4-81　土拱草坡顶　　　　图 4-82　土拱瓦顶

第五章　地坑院的使用与维护

一、地坑院的结构特点

（一）窑洞的构筑尺寸

常见的地坑院深度一般为 6 米，院坑平面尺寸为 12 米 ×12 米 或 8 米 ×12 米，其中前者窑坑内可挖 12 孔窑洞，后者挖 10 孔或 8 孔窑洞。主窑比其他窑洞要宽大，洞口高 3.2 米，宽 3.5 米；后部高 3 米，宽 3.2 米；其他窑洞口高 2.8 米，后部约 2.6 米。窑洞的深度一般 7 米～8 米，可根据需要和宅基大小确定。窑腿尺寸的大小受窑院大小（宅基地）影响。（如图 5-1、5-2）窑腿尺寸和窑脸的关系：3 米窑脸，窑腿最小 2.5 米；3.5 米窑脸，窑腿最小 3 米。窑背厚度≥3 米，厚度太小的话，则不能承受上面的车辆荷载。最小厚度为 2.7 米～2.8 米。太厚也不好，窑洞可能会比较潮湿，通风采光也会存在问题。相邻两孔窑自洞口窑脸开始向两侧倾斜，使得窑腿的宽度沿进深方向越来越大，这样有利于受力。

（二）窑洞的结构体系——自支撑土拱体系

下沉式窑洞结构属于自支撑土拱体系，没有任何支护，从结构构造上来说，没有梁、柱和剪力墙等建筑承重构件，而是利用土拱作为主要的传力和承重方式；从结构的构成材料来说，没有钢筋和混凝土等材料，也不需要水泥之类的现代黏结材料，而是利用土体本身作为建筑材料，形成自承重体系，集承重和围护结构于一身。这种独特的结构方式与通常所见到的建筑结构有着很大的差别。

陕县地坑院窑洞在建造时没有经过正规设计和科学计算，土拱体系的构筑尺寸大多以当地匠人的经验为依据，并以口传心授的方式在民间

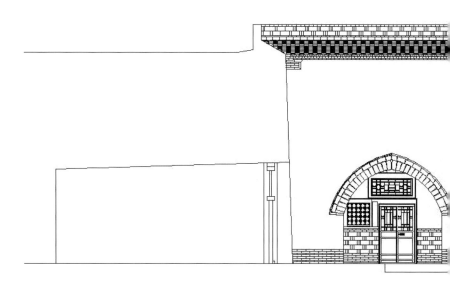

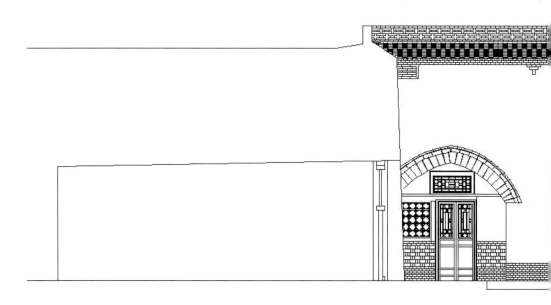

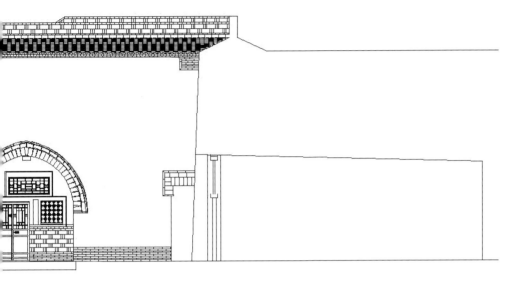

图 5-1　窑腿尺寸与窑脸的关系

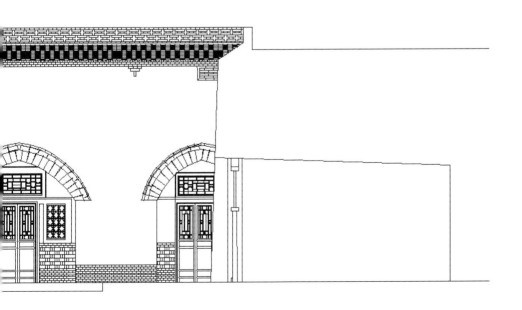

图 5-2　窑腿尺寸与窑脸的关系

流传。但测绘数据表明，这些土拱体系的构成与受力合理的拱曲线非常相似。根据实地考察数据和简化分析，将窑洞拱曲线的几何形状模拟为：双心圆拱、三心圆拱、圆弧拱（如半圆拱）、割圆拱、平头拱（如平头三心圆拱）、抛物线拱和落地抛物线拱七大类（如图5-3）。

民间营造时，窑洞的拱曲线采用什么样的几何形状，与窑址的自然地质条件、施工难易程度密切相关。半圆拱的曲线易于成型，施工方便，其侧墙较低，应用较为广泛。割圆拱的拱矢较低，其曲线成型比抛物线拱容易，但侧墙较高，宜在含有料姜石且又干燥的土层中使用。双心圆拱、三心圆拱兼有半圆拱和抛物线拱的性质，拱矢较高、侧墙较低，曲线成型方便，宜用于土质松软的土层。抛物线拱的拱矢高低可以变动，与窑址的土质有关。高矢拱接近于三心圆弧拱、双心圆弧拱，平头拱，曲线成型难，不易掌握。落地抛物线拱是将拱与侧墙合为一体，由于侧墙是曲面，使用很不方便，故现存窑居较少见。平头拱的窑顶基本水平，侧墙垂直，拱脚部位呈圆弧形，只有在拱顶上部具有坚实的料姜石层，且料姜石层厚度均在0.18米以上，料姜石层上部为坚硬干燥的黏土层时才能够采用，因此也较少见。

通过对陕县黄土窑洞的实地调查，获得了各类窑洞营造构筑数据，通过对数据分析可得出一些规律性的构筑特点。（如图5-4，表5-1）

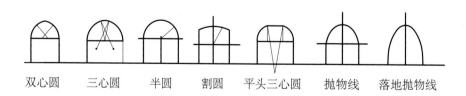

双心圆　　三心圆　　半圆　　割圆　　平头三心圆　　抛物线　　落地抛物线

图 5-3　窑洞拱曲线的几何形状

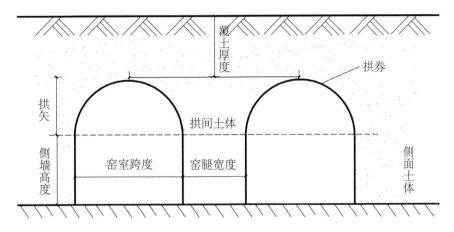

图 5-4　窑居结构尺寸参数示意图

表 5-1　各类拱的构造尺寸统计表

拱的形式	覆土厚度 /m	侧墙高 /m	拱跨 /m	拱矢 /m	窑腿宽度 /m	窑洞的高跨比	拱的高跨比	拱跨与侧墙高之比	侧墙高厚比	窑腿系数
双心圆拱	4.0	1.5	2.7	1.5	3.2	1.11	0.55	1.8	0.468	1.18
三心圆拱	3.5	1.2	2.8	1.7	3.2	1.03	0.61	2.3	0.375	1.14
半圆拱	4.0	1.6	3.0	1.8	3.0	1.13	0.6	1.88	0.533	1.0
割圆拱	3.6	2.1	3.3	0.9	3.0	0.91	0.27	1.57	0.7	0.9
平头三心拱	5.6	2.3	3.2	0.7	3.5	0.94	0.22	1.39	0.657	1.09
平头拱	6.0	2.7	3.6	0.5	3.6	0.88	0.14	1.33	0.75	1.0
抛物线 1 拱	3.9	1.2	3.0	1.8	3.2	1.0	0.6	2.5	0.375	1.06
抛物线拱	5.0	1.9	3.2	1.0	4.0	0.91	0.3	1.68	0.475	1.2
落地抛物线拱	4.0	0.0	3.2	3.0	3.3	0.94	0.94	—	—	1.08

（1）窑洞的最大跨度（也称窑跨）一般不超过4.0米；窑洞的高跨比（指拱顶到洞底的洞室净高与拱跨之比）在0.9～1.1之间；拱的高跨比（指拱矢与窑跨之比）与窑址的自然地质条件关系紧密，随土层性质不同有比较大的起伏，土质条件好的拱的高跨比通常在0.5以下（低矢拱），土质条件差的在0.5以上（高矢拱）。

（2）覆土厚度与窑腿宽度，窑洞的跨度、高度，地面荷载，土层的力学性能有关。窑顶覆土厚度、侧墙高、侧壁高度与窑腿宽度之比（也称侧墙高厚比）、窑腿宽度与拱跨之比（也称窑腿系数）见表5-1。从表中可以看出，窑顶覆土厚度一般不少于3.0米，侧墙高度与窑腿宽度之比在0.3～0.8之间，窑腿宽度与拱跨之比在0.8～1.2之间。

以上特点表明传统窑洞没有经过计算、设计和分析，但它们的构筑是那样的巧妙，存在是那般的合理。各个结构参数之间的关系处理得严丝合缝、细致缜密。

二、地坑院排水系统的营建

天然的黄土层和干旱少雨的气候是黄土窑洞生成的重要自然环境条件。黄土结构以粗颗粒为骨架，其间充填了粒径小于0.01毫米的细颗粒聚集体，并以较多的孔隙为特征。黄土的颗粒矿物质，由于物理和化学性质稳定，遇水极少变化，在土体内起支撑作用，成为土体的骨架。其中细颗粒在干燥时对土体起着团聚作用，但细颗粒矿物质一旦遇水极易分解或形成分散体，使黄土强度显著降低。这是黄土湿陷的最初过程。黄土称为大孔性土，在同样压力下，黄土浸水后会被压缩，体积迅减，出现空隙，造成塌陷。随着水的渗流，细颗粒通过孔隙流失，空隙不断扩大为洞穴，称为潜蚀。上述过程在暴雨季节往往是交织发生的。沿垂直节理更易产生陷穴和洞穴，引起黄土地层各种形式的破坏，所以黄土对水的侵蚀极为敏感。为了维护窑洞的安全稳定，必须严格防止水浸、渗漏，这一点极为重要。

"不怕老鼠打洞，就怕蚂蚁结营"，(如图5-5) 防治窑皮上产生的垂直方向上的毛细孔洞，是地坑院日常维护的重要内容。一是不在窑洞正上方的窑皮种植被，(如图5-6) 二是经常除草碾压窑皮，使窑皮表面密实光滑，有利于雨水快速排除，防治水分向下渗透。(如图5-7、5-8) 陕县属于暖温带大陆性季风气候，冬长春短，四季分明，降雨量不大，且集中在夏季，6～9月份的降雨占全年降水量的59%。对夏季的集中降雨，当地居民的应对措施是：快速排走，减少滞留。从单座地坑院到整个村落规划布局都遵循这一原则。

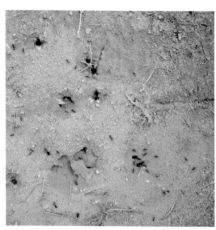

图 5-5　蚂蚁在窑皮上营造巢穴　　　图 5-6　植物的根系也容易对窑皮造成破坏

图 5-7　窑皮除草　　　　　　　　图 5-8 窑皮夯实

（一）地坑院排水设计

单座地坑院对雨水的排除，从总体规划布局开始就纳入其中，直到细部节点设计，形成一套完整的排水系统。(如图5-9)

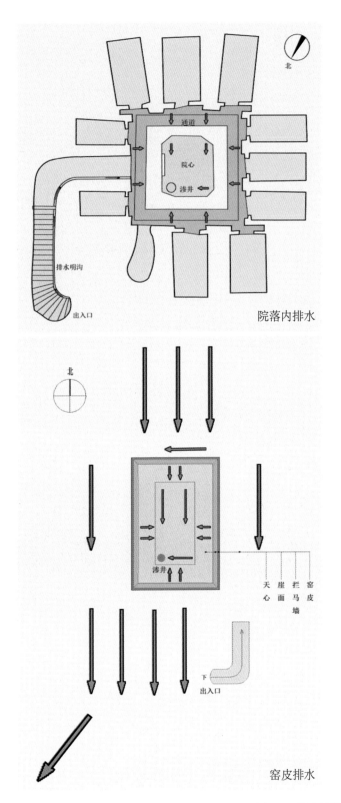

北

通道

院心

渗井

排水明沟

出入口

院落内排水

北

天　崖　拦　窑
心　面　马　皮
　　　墙

渗井

下
出入口

窑皮排水

图 5-9 单个地坑院的排水

1. 窑皮排水

　　地坑院建造之初，方院子的过程，就是一个根据现有地形地势确定主窑位置的过程，除了要参考阴阳风水理论和当地的建造习俗，主窑的位置还应选在地势较高的一侧，所谓"背有靠山，前不蹬空"，说的就是这一点。建造完成的地坑院，主窑方向地势最高。窑皮上的雨水由主窑流向下主窑方向，再排入村中支路。为防治雨水倒灌和人畜安全，天井院口设置一圈拦马墙。拦马墙外侧用青砖铺砌散水，散水坡度为15%，宽约80厘米。散水再向外设5%的排水坡。

　　窑皮每年都要定期除草，用石碾进行3到4次的碾平压光，特别是在下过大雨之后，更需要及时压碾。经过碾压，窑顶平整，密实度增大，渗水性减弱。(如图5-10至5-13)

图5-10　机械碾压窑皮

图5-11　碾压窑皮时先铺上一层麦糠

图 5-12 碾压窑皮用的碌碡

图 5-13 人工碾压窑顶

2. 出入口排水

地坑院出入口排水在整个排水体系中十分重要。地坑院入口坡道形式多样，不同时期做法有所不同，坡度根据地形也有差异。坡道宽约1米，有护壁、跟脚，坡道上空四面有拦马墙。

（1）入口处坡道起点常有翻边，比窑皮地面略高，防止雨水倒灌。（如图5-14）

图 5-14 地坑院入口坡道翻边

（2）坡道多见中间设台阶，两侧为坡道。也有整个都为坡面的处理。一般在一侧设有排水沟（明沟居多，也有暗沟），将露天坡道的水汇集流入院内。（如图5-15）坡道一般用碎石或其他材料将坡面做粗糙，以便防滑，坡面也会向排水沟处略倾斜，以利排水。

（3）坡道在园门入口屋檐对应下方通常有拦水处理，如设突出土埂，或设横沟与两侧排水沟相连，还有通过露天坡道地面与门洞内坡道地面铺地材质的不同略做高差。（如图5-16）这样将雨水拦截，进入排水沟。雨天由室外进入室内，保持室内地面干爽。排水明沟经大门进入门洞窑，（如图5-17、5-18）沿

图 5-15 甬道旁的排水明沟

一侧设置排水暗沟，(如图5-19）直
入院心。

图 5-16　园门下方的排水处理

图 5-17　大门前的排水明沟

图 5-18　排水明沟穿过大门

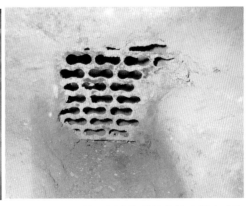

5-19　篦子用来阻挡异物堵塞排水暗沟

3. 天井内排水

天井院内的排水由三部分组成：院落通道，院心和渗井。（如图5-20）

（1）院落通道。院落四周有环形通道用于交通，沿各窑洞口绕行一周，一般用青砖或碎瓦、卵石砌筑，或直接为黄土夯实，宽约2米，有坡度坡向院心，坡度一般约为2%。通道还承接由上部眼睫毛流下来的雨水。（如图5-21）

（2）院心。地坑院院心地面比院内环行通道地面约低10厘米，并有坡度坡向渗井，高差约5厘米。院心地面常为素土夯实或呈自然状态，并进绿化。一般不做全硬化处理，利用黄土的渗透性解决部分雨水的排放。

（3）渗井。黄土本身的渗透性能基本解决一般雨水天气的排水，为确保遇到大雨时能够及时排水，地坑院需要在院内设置渗井（如图5-22），渗井直径约1米，深6米左右，深度和天井院深度一致，底铺炉渣，位置一般选在茅厕窑前。挖好后，盖上磨盘、石板或铁脚车轮，中间留孔，供排水用。盖沿厚约10厘米，一半露出地坪，阻挡泥沙流入渗井。雨大时可掀开，加快雨水流入。天井院中的汇水面积主要由天井院面积和入口部分露天面积组成，除院心黄土渗透一部分雨水外，渗井基本可以解决历史最大年降雨量的排水问题。渗井既是院落中主要的排水设施，也是家里储存食物的"天然冰箱"。

5-20　院心近景

图 5-21　围绕院心的甬道

图 5-22　院心内的渗井

（二）地坑院村落排水规划

　　单个地坑院窑皮上的雨水由主窑流向下主窑方向，再排入村中支路或者沟壑内。支路设横坡和纵坡，中间高两侧低，雨水经支路汇入主路。主路两侧一般设置排水明沟，宽度约0.5米，深度约1.0米。窑皮的边界就是各个地坑院的用地边界，因此，窑皮上的雨水不能排入相邻地坑院（如图5-23至5-25）。

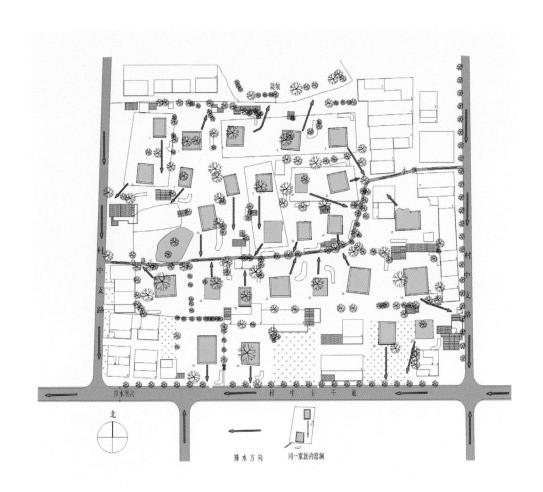

图 5-23　地坑院村落排水分析

图 5-24　主路边的排水沟

图 5-25　村中支路充当排水通道

图 5-26　直接排入临近沟壑

　　陕县地坑院建造往往选在地下水水位低、坚固密实的黄土层中，不建在低洼处，这些选址原则为排水打下较好基础。村庄整体选址除考虑资源、方位、农田等因素外，主要考虑地势、土质、水位。一般选在地势较高处（局部地势的相对高点），排水以原始地势为主，保证村庄在整体上的排水优势。黄土地貌中天然形成很大沟壑，因此村庄主要靠自然沟壑排水，整体上呈现自然分布，在局部排水不畅处稍加人工组织，简单挖些沟渠加以辅助。外观上看，整个村落一马平川，连成一片，遇到雨天，水顺坡度自然流动，井然有序。（如图5-26）

三、陕县窑洞常见灾害及民间防治办法

黄土窑洞由于特定的构筑材料和结构支撑形式，其抵抗灾害的能力对自然地质条件非常敏感。陕县当地工匠和居民在长期的实践中，在窑居的选址、挖建、使用和维修方面，积累了丰富的经验。这些经验数千年来大多以口传心授的方式在民间工匠中流传和演进，没有形成系统的理论，也很少见于文字，却具有很高的科学含量和丰富的智慧。在科学技术高度发达的今天，这些原始粗放的技术和工艺已逐渐不被使用，但却有长久的保存价值。通过调查分析黄土窑洞发生的灾害及其原因，总结窑洞居民在居住过程中防灾减灾的民间营造技术和方法，揭示黄土窑洞千百年来建造过程中所遵循的"尊重自然、服从自然"的建造规律，对传统民居的继承和创新仍然大有裨益。

（一）窑洞常见灾害

黄土窑洞常见的灾害主要有两种。

1. 裂缝

裂缝是窑洞最常见的破坏形式，按照位置不同可分为三种：一种是沿崖面垂直向下的裂缝。（如图5-27）这种裂缝直接出现在崖面表层上的，可以通过胶泥崖面予以修复；沿窑皮垂直向下的最危险，发现及时可以通过碾压窑皮修复，修复不及时将直接造成窑洞坍塌。第二种是窑洞内部上方即窑顶处的横向裂缝。（如图5-28）横向裂缝平行于窑脸方向，往往容易出现在靠近窑脸1米以内的位置。这种裂缝属于结构

图 5-27 窑顶上的垂直裂缝

图 5-28 横向裂缝

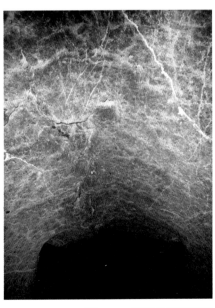

图 5-29 窑顶的纵向裂缝

性裂缝，是拱券断裂或者错位引起的深层裂缝，危险性比较大，要及时发现及时修补，否则容易引起窑洞局部塌落。第三种是窑洞内部上方的纵向裂缝。（如图5-29）纵向裂缝垂直于窑脸方向，一般出现在窑顶正中央，属于构造性裂缝，是由土层热胀冷缩引起的浅层裂缝，危害不大。

2. 整体或局部坍塌

　　窑洞坍塌是指窑脸、窑腿或者窑顶发生严重损坏，土体脱落、崩塌，造成严重破坏，影响窑洞的安全和使用。局部坍塌的窑洞，没有发生整体性破坏，还可以修复利用。窑洞整体塌落或倒塌是一种最为严重的破坏形式，需要完全重新修建或者另选基址。（如图5-30至5-33）

图 5-30　横向裂缝引起窑洞局部坍塌

图 5-31　崖面局部坍塌

图 5-32　窑顶局部坍塌

图 5-33　崖面滑坡，窑洞坍塌严重

（二）灾害发生的原因

1. 选址不当

黄土层中自身发育的节理系统和滑坡、断层、褶皱等，破坏了土壤的结构层次，降低了黄土的整体性和稳定性，使土壤变得松散，黄土的直立性能和承载力变弱，因而这些地段不适合开挖窑洞。由于窑洞开挖所处土层选择不当，遇到黄土节理系统复杂时，就很容易塌落。选择开挖窑洞的位置白土层过薄或红土层过厚时，雨水沿黄土各种裂隙渗入，会导致黄土结构破坏，抗剪强度降低，造成湿陷、崩塌。在土壤含水量较高、地下水位浅的区域开挖窑洞，施工过程不安全，挖好后容易产生大量干缩裂缝，俗称"风炸"，因此这些地方也不适合开挖窑洞。

2. 气候的影响

气候影响产生的窑洞灾害主要集中在两个方面。一是气温。每年春季的3、4月份，气候转暖，地温回升，冻土开始融解，黄土在冻融作用下结构变得松散，强度大大降低，融水下渗形成窑洞崩塌频发。二是降水。夏季7、8月份，由于降水过多过猛，排水不畅，使窑洞周围土质变软，导致滑洞塌落，甚至窑洞坍塌。秋季来临，夏季的主要降水渐渐向黄土中下部渗入，至9、10月阴雨期，地表湿润，土体容重大，抗剪强度降低，又形成一个崩塌毁窑频发期。

3. 植被的影响

在黄土塬坡上，植被茂盛的地方，水土流失较轻；而无植被的沟谷，两侧斜坡呈细脉状冲沟，坡面泥流发育，水土流失严重。边坡植被的存在能减少雨水和地表水体对坡面的直接冲刷，从而减低滑坡与崩塌发生的频率。但是在黄土塬面上，地坑院窑皮上的植被根系却容易形成裂缝，导致雨水沿裂隙或落水洞渗入窑洞及其周围土体中，使窑顶和窑腿的土质变软，失去承载能力，造成塌落。(如图5-34)

图 5-34　窑皮植被根系破坏土层

4. 建造维护不当

　　当开挖窑洞时，各部分的结构尺寸包括窑洞宽度、拱失的尺寸、窑腿的宽度、覆土的厚度、侧壁的厚度和高度都会对其稳定性和抵御灾害的能力有一定影响。窑洞尺度不合理，如窑腿过窄、侧壁的厚度过小、覆土厚度不够，在开挖阶段可能就出现危险。另外，窑洞施工过程中，挖窑速度过快，没有及时晾干；回填在窑顶的黄土没有碾实或者采用人工或机械夯实的办法破坏了原有土层结构，都会留下隐患，导致窑洞损坏。还有，窑洞在使用过程中，没有及时养护，没有除草压顶、修补裂缝，积少成多，都会导致窑洞破坏、塌落。(如图5-35至5-37)

图 5-35　窑皮植被根系破坏土层，形成纵向裂缝

图 5-36   窑顶除草碾压不及时，容易渗水

图 5-37   不设眼睫毛和拦马墙的崖面更易受损

（三）民间防灾技术

陕县当地居民在长期的实践中，对于窑洞的开挖和使用过程中如何抵御灾害发生积累了丰富的经验。

1. 窑洞选址

（1）黄土的生成历史愈久远，堆积愈深，则愈加密实，黏聚力随之增长，内摩擦角增大，强度愈高。窑洞的安全主要是由土拱肩剪力控制的，从土体的结构稳定、土体工程地质特征分析可知，白土层具有显著的稳定性，故应尽可能选择白土层作为窑址。

（2）窑洞的安全对黄土节理面非常敏感，特别是受基岩节理控制的黄土节理。根据陕县工匠的建窑经验，一般选择窑址与节理面的最近距离不小于1米。选择开挖地点时对不同地质时代的黄土层位应慎重考虑，一般应避开在两种不同的黄土层界面附近建窑。

（3）窑址应选择山形完整，山体未被冲沟、山洼等未被切割破坏，无滑坡、无崩塌、无剥落等地形坡段。选择的窑址土层斜坡段应干燥、排水条件好、无泉水出露。若在冲沟两侧建窑，应选择沟坡稳定、已停止侵蚀的坡段。且应高出冲沟底6米～8米，防止洪水冲刷。

（4）古土壤的物理特性对窑洞有利，它的抗压、抗剪强度较黄土母层高，将窑洞的土拱部选在料姜石层下部，把料姜石层当作一道门洞上方的过梁，会大大提高窑顶的坚固性，从而可增大窑洞的跨度。

（5）黄土堆积自上而下愈深、孔隙度愈小、自重愈大，则愈加密实，强度愈高。应按不同土质状况，选择合适的深度。除了按黄土力学性质的变化规律处理窑洞各部位尺寸外，还要遵循民间长期实践的经验。

2. 排水防潮处理

窑洞的破坏事故，有80%是水害所致。防微杜渐，杜绝水患是延长窑洞使用年限的主要手段。民间的传统做法是在窑皮上面与窑洞进深相同的宽度内不再种树、耕作；窑洞顶部需要经常或定期用石磟碾压，不能有杂草生长，尤其是在雨季；且使窑背向窑外方向有所倾斜，以保证雨水通畅排泄，少渗不漏，保证窑洞安全。

另外，在窑洞脑窗和窑底上部开设通风口或者通风天窗，加强通风，将室内潮湿的空气尽快排走，防治窑洞内墙体吸收过多水分引起坍塌。(如图5-38、5-39)

图 5-38 脑窗上部开设通风口

图 5-39 窑洞底部开设的通风口直通窑皮

图 5-40　崖面面层脱落

3. 日常维护

窑洞的日常维护是延续其使用寿
命的重要条件。正如当地人所说，窑
要人住，才有生气，经常拾掇，才能
坚固耐久。常住人的窑洞可逾百年不
坏，不住人的窑，几年就会塌毁。窑
洞的日常维护主要包括补豁、堵洞、
填抹裂缝和粉刷护面等。这样的修修
补补几乎年年都有。(如图5-40、5-41)
鼠虫在黄土中打的洞，容易形成向窑
内注水的孔道，需要及时堵塞防治，
否则在暴雨季节这类孔洞容易给窑洞
造成很大破坏。

图 5-41　崖面面层修复

4. 裂缝修复和局部坍塌处理

　　进深大的窑洞后部或窑顶局部坍塌，塌落土体不大，剥落面积在1~2平方米的，塌落部位用土坯嵌砌。（如图5-42）当窑顶出现较大裂缝，尤其是横向裂缝时也用这种方法加固。也有用木托架支托纵向檩木，木托架支撑于窑腿上或木柱上。（如图5-43）

　　当窑洞开裂严重，窑顶有大块土体塌落（尤其是靠近洞口处），便采用削前崖、用土坯重新砌筑的方法，进行局部更新。这种做法和独立式窑洞的砌筑有相似之处。（如图5-44）

图 5-42　崖面局部坍塌用土坯嵌砌

图 5-43   窑洞内部用木托架加固

图 5-44   整个崖面用土坯重砌

第六章　更新与发展

　　陕县黄土塬是"陕塬"的核心地带，三大塬上分布了大大小小数百个地坑院村落。几百年来，数十代人在此繁衍生息，创造出独特的陕州民居文化。地坑院村落大部分是数次迁徙而成，多姓混居。交通便利的地方形成中心村落，有各种商业文化设施。有的村落有明显的公共中心，由中心向四周发散；有的村落沿主要道路延展；有的村落顺河川、塬边、沟壑地势而成。村落形态各异，演变过程却有相似的轨迹。

一、中心村落——凡村的发展变迁

　　张村塬中心地带上的凡村就是一个典型的地坑院村落。凡村位于老陕州城东南25千米，村落边界方正，东西宽750米，南北长750米，村中心的两条十字大道把全村分为四大片。全村有张、王、加、汤四大姓，还有杨、薛、高、秦、许、乔、邱、孙、路、倪、齐、董、孟、闻、肖、潘、霍17个人口较少的姓氏。

（一）村落起源

　　明朝末年，居住在山西洪洞大槐树下的王永、张成、加移功与部分族人南渡黄河，几经辗转，来到张村塬上，在距今凡村东北500米的南过槽安家。当时南过槽西南有一座寺庙，叫作庆福寺。寺院四周土地平整，寺内古井水质甘甜。村民二次迁徙，定居在庆福寺四周，取名"翻村"，意指从此结束苦难生活，托神佛庇佑，翻身发家致富（根据迁村碑文记载）。后更名"樊村"，几经演变，成了"凡村"，沿用至今。

　　明清时期，凡村的村民住房尤其是富裕人家大都在地面上，瓦房、草房、土坯房居多，无力建房的开挖地坑院居住。村民住宅以庆福寺为中心，向外发散。最早迁入的张成，生有三子。兄弟长大成家后，另立门户，形成了张姓三批，通称大张家。西一批居住在村西北，也就是人们常说的"东西院""南北场""西崖上"；南一批居住村东南和村北，也就是"东场巷"；东一批居住在村东北，俗称"大门上"。王姓始祖王永生有五子，相传下去就是老五门，后因五门无后，由二门继承。王姓集中居住在村西南，称"王家巷"，以王寿岗、王西丁为代表，就是人们常说的"王家巷当中院"。加姓始祖加移功，生一子，传至六代加志明，有四子，就是人们常说的老四门。主要居住在凡村西头。汤姓始祖汤克国于清雍正年间，约260年前，自河南孟津迁居凡村。在中华民国以前即为凡村四大户之一，建有四座连成一体的院落，院内互有通道，可随意走动。崖上建有较高的围墙，把四座院落围在里面，围墙四角设有四个炮楼，防止盗匪闯入。汤姓主要居住在村北头。(如图6-1)

（二）村落中心——十字大道

民国时期，凡村是通往陕州城的交通要道。著名的关帝庙位于十字大道的东北角，坐北朝南，东西大道从庙门前通过，戏台隔路与关帝庙相望，是"为神搭台唱戏"的典型格局。山门前面有左右两通石碑，碑高丈余，底座是一大石龟。一进院正中有前殿三间，正中悬挂写有"忠义祠"三个鎏金大字的牌匾。二进台院平整宽阔，内植一株千年古槐，树干中空，但枝繁叶茂，挺拔苍劲。槐树东枝上悬挂一口大钟，钟声远震十里。正殿三间带前廊，高大宽敞，雕梁画栋，气势宏伟。中间有关羽神像，身着铠甲绿袍，端坐在木雕神龛中，左右关平、周仓手持兵刃，栩栩如生。室内四壁绘有关公事迹壁画。关帝庙历来是凡村议事之地，

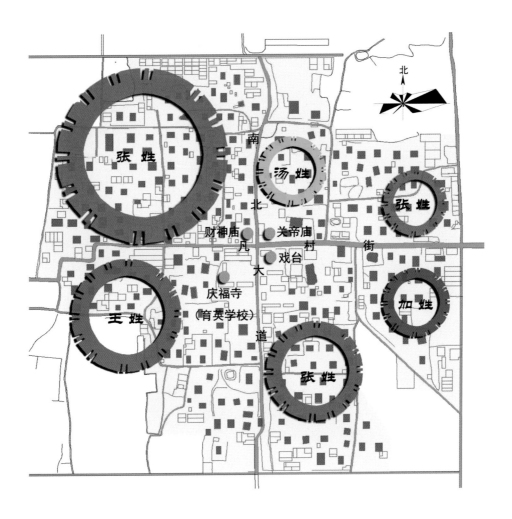

图 6-1   凡村姓氏分布图

在村中的地位十分重要。关帝庙西侧是财神庙，中间有过路堂（类似骑楼），南北大道从堂下穿过。关帝庙旁边，商铺林立：有饭铺、杂货铺、药铺，还有酒坊、粉坊、染坊，铁匠铺、银匠铺、木工铺、漆画铺等手工作坊，是凡村最繁华热闹的地段，称为"凡村街"，也是当地木材、粮食和木炭的交易市场。凡村街五天一集，十天一会，逢会都有演出助兴，热闹非凡。中华人民共和国成立后，集市迁移到张村，凡村保留了二月二十八、六月十二和七月初七三个庙会。

1982年，村里集资，在十字大道的东南角——老戏台旁边建起了凡村影剧院。剧院分门厅、剧场、舞台、演员宿舍四部分。门厅为三层楼，一楼为演员宿舍，二楼是管理用房，三楼是电影放映室。舞台的左边设有化妆间。剧院总建筑面积1500平方米，村里集资7万多元，投入人工1

图 6-2　凡村影剧院

图 6-3　凡村小学

万多个，由凡村基建队承建，是当时张村塬上规模最大的室内影剧院，方圆数里的村民都来这里看戏、看电影，凡村影剧院逐渐成为当地的文化中心。（如图6-2）

　　庆福寺位于十字大道的西南角，是凡村建村的原点。1927年，王登墀在庆福寺的原址上，创办育英学校。王登墀，字子丹，同治十二年（1873年）生于凡村，1936年病故。少承家训，学有渊源，为清末秀才，民国时任陕州公款局局长，后置仕在家，热心公益事业，倡导教化。育英学校初办时有五个班，有上殿三间，东西耳房、东西厢房各三间，共15间房子。为防止土匪侵扰，全村村民环绕学校修建了一圈土寨。寨子呈长方形，长100米，宽50米，寨墙高10米，顶部宽2米。人在寨墙上一望无际，可俯瞰张村塬，十分雄伟壮观。育英学校屡经扩建，1970年形成了8年制教育规模。1983年，原庆福寺的房子，大都成了危房，不能继续上课。经村委研究，村民大会通过，在寨墙以北新建平房14间。凡村村民每人集资20元，村里筹资4万元，上级拨款3万元，总共花费13万

元。1996年，村委动员村民和凡村籍在外人员，筹资13万元，新建教室
8间，维修平房14间，修建围墙，新做、整修桌椅170套，购置教学器材
170件，图书670册。（如图6-3）此次学校修建，寨墙内的瓦房全部拆除，
危房、旧庙共38间，清理土石、平整校园3.2万平方米，均由村民义务出工。

凡村的十字大道是村落的中心，明清时期围绕村街、关帝庙、戏台、
财神庙和庆福寺等形成地方的经济文化中心。随着社会经济的发展，商
业集市转移到张村，财神庙内办起了凡村机械加工厂，关帝庙和戏台因
为修建道路拆除，庆福寺内兴办起了学校。围绕凡村影剧院、村部办公
楼、凡村小学和十字街形成了新的村落中心。（如图6-4至6-7）凡村的十
字大道承载了很多村落的变迁与记忆，是一代又一代村民的生活中心。

图6-4　凡村现有村落中心平面图

图 6-5　凡村东西大道　　　　　　　　　图 6-6　凡村南北大道

图 6-7　凡村十字大道路口　　　　　　　图 6-8　凡村地坑院

（三）村落民居——地坑院变迁

清朝末年，土匪（刀客）横行，地面房屋被毁，村民开始大量建造地坑院，既冬暖夏凉，又安全防盗。中华人民共和国成立前，凡村除了王家巷当中院、学校、村街等为瓦房外，其余大部分为地坑院。中华人民共和国成立后，王家巷当中院的房子也拆改成地坑院。20世纪50～70年代，随着人口的增长，生产大队集中力量开凿了一批地坑院，凡村成了名副其实的地下村庄。（如图6-8）

在200多年的时间里，大多数村民一直居住生活在地坑院中。村中的地坑院建造也一直延续到20世纪80年代。

1984年，由陕县土地局统一组织，对农村宅基地进行丈量，根据各户应占面积（按建房标准）统一做了规划。在1998年11月1日颁布的《西张村镇凡村新村规划实施意见》中规定："宅基地每户只准一份，面积一律不得超过三分"，从规划层面上断绝了建造地坑院的可能性。2003年，凡村共有910户，农业人口2652人，比1949年的1300人翻了一番。增长的人口和持续发展的经济对村庄整体规划提出了新的要求。2004年5月10日，全长3千米的环村路和宽8米、长4千米的村内十字大道建成通车，这是载入凡村村史的大事，为此，村东修筑了一座凉亭，内设修路纪念碑，（如图6-9）铭刻对修路有贡献的人和事。另一方面，也应该看到公共设施修建过程中对窑洞的影响：这次修路拆迁房屋75间，填挖窑院53孔。据统计，2004年，凡村已盖平房（包括楼房）200多户，占全村总户数的近三分之一。

由此可见凡村的地坑院在1970年前后数量上达到顶峰，1980年逐渐停止建造，2000年以后面临不断坍塌、被废弃和被填埋的命运。（如图6-10）

图 6-9　凡村修路纪念亭

图 6-10　凡村正在填埋的地坑院

二、自然村落——小刘寺的变迁

　　小刘寺是张汴塬上的一个自然村落，村东和村北是塬边沟壑，南面隔着318省道与大刘寺遥遥相望。（如图6-11）大刘寺相传起源于北宋年间，张汴塬上有一座非常大的寺庙，大刘寺临近寺庙，因此得名。大刘寺以张姓和阴姓两大姓为主。清朝末年，从陕州城南关迁入大刘寺的张家一支搬迁到大刘寺以北，当时称为"北斜"，最初在村落以北的沟壑边上，开凿靠崖窑居住。另有杨姓一家居住在村东的沟壑边上。这是最早入住小刘寺的两大姓。因为"北斜"的地理位置与大刘寺紧邻，村民与大刘寺有着千丝万缕的联系，后来更名为"小刘寺"。1840年前后，张家在塬面上开挖第一座地坑院，位于现在小刘寺村的中心位置。来自寺沟村的张家在其西边开凿了第二座地坑院，最早迁入的杨家在其东侧

图6-11　小刘寺村边沟壑

图 6-12　小刘寺地坑院现状

建造了两座地坑院，曲村李家、大刘寺阴家也先后挖窑建院，这十几座地坑院多分布在村落中心南北、东西大道的两侧，形成了小刘寺最初的村庄规模。民国时期，村落向西北、东南方向拓展，先后建造了17座地坑院。中华人民共和国成立后，地坑院的建设基本环绕村落四周，至20世纪80年代，共建成地坑院47座，形成了典型的地坑院村落。(如图6-12) 村落的发展由中心向周边辐射，限于地形止于沟壑边缘。(如图6-13)

小刘寺的姓氏主要有"五张三李加两王，一芦一陈阴带杨（'带'是俗语，意思是'和'）"，一共有六大姓氏，即使同样是"张"姓，就有五个不同的来源，是一个多姓混居村落。村落整体地形西高东低，因此地坑院西兑宅居多。与凡村这样的中心村落不同，小刘寺位置相对比较靠近塬边，村落规模不大，以居住为主，发展相对较慢，地面建房不多，地坑院保留至今，是比较珍贵的塬上村落样本。

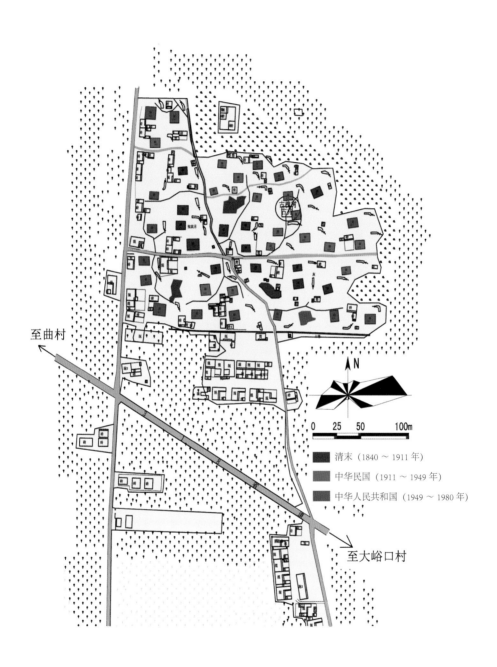

至曲村

至大峪口村

N

0 25 50 100m

清末（1840～1911年）

中华民国（1911～1949年）

中华人民共和国（1949～1980年）

图 6-13　小刘寺地坑院年代分布图

三、地坑院的困境和挑战

20世纪80年代以后，随着经济的发展，陕县塬上传统的农村生产生活有了很大改变。

首先，家庭结构的改变。传统的农户家庭结构发生变化：单户家庭人口规模减小，核心家庭（父母加孩子）数量增多。兄弟几个，一家三代甚至四代十几口人聚族而居的生活模式逐渐消失，取而代之的是三四口之家的两代居。家庭结构的变化引起居住空间的变化，原来，十几口人共同使用同一座地坑院，现在每个居住单元的要求是小而成套，起居、休息、厨卫等配套齐全；独立而私密，满足单个小家庭的使用需求。一座10洞8窑的地坑院，给现在一户人家使用，太大；两户以上的人家使

图6-14　大型农机具的停放

用，私密性不够，厨卫等配套也不完善。

其次，农业的生产方式也发生了很大的变化。由原来的一家一户劳力、畜力耕作转向机械化耕作。各种现代化农用机械如拖拉机、收割机、脱粒机、旋耕机等的引入，加快了农业现代化、产业化的步伐。农业生产方式的变化也引起对空间使用的变化。比如，窑皮作为传统的打场、粮食晾晒的功能正在逐步消失。大型农机具的存放给窑居空间也提出了新的要求。(如图6-14)

第三，生活方式的改变。农民的生活节奏加快，农忙时田里耕作，农闲时外出务工。农民的文化水平和眼界见识不断提高，大城市的生活观念和方式也潜移默化地影响着他们。

对于单座的地坑院来说，各种现代化设施的引入，如电视、电脑、手机等，要求改变传统窑居的室内布局；采暖设备的改变：灶炕一体转变为电采暖、空调，对窑居室内空间提出了新挑战；灶具和能源供给方式的改变：地锅、煤炉转变为电磁炉、电饭煲、液化气灶，要求改变传统的厨房使用方式；洁具的改变：旱厕转变为冲水马桶，以及新增的洗浴设施，都要求改变传统的卫生间使用方式；生活用水供给方式的改变：水井转变为自来水，要重新考量水井空间的去留；交通方式的改变：步行、畜力、土路转变为电瓶车、小汽车，村村通公路，使地坑院和村落的面貌发生了很大的变化。(如图6-15)

对于整个村落来说，相应的现代公共基础生活设施配备更是面临前所未有的挑战。生活用水、用电量增大，污水的排放与处理，生活垃圾的处理，医疗、教育、体育、文娱、商业、停车等公共服务设施的设置问题都对村落的发展提出了新的要求。

图 6-15　新的出行方式

　　第四，价值观念和政策的影响。地坑院易建易得，在很长一段时间内，为当地绝大多数人居住和使用。同时，窑洞也一度作为贫穷落后的象征，被称为"寒窑"。经济条件稍微好转的人家，就要在地面修建砖瓦房屋，弃窑建房的现象十分普遍。

　　在农村土地整理、"空心村"治理、"退宅还耕"和社会主义新农村建设等项目中，一些地坑院因种种原因先后被填埋。

　　可以看到，窑洞生成的天然条件并未发生大的改变：干燥少雨的气候和适宜建窑的黄土依然存在，变化的是：大力发展的社会经济环境，逐步改变的生产生活方式以及对居住环境要求更高的价值观念。越来越多的人从窑洞里走出来，弃窑购房或弃窑建房，追求更加时尚、舒适的生活方式。正是在这样的大背景下，窑洞正在逐渐消亡，窑洞民居的现状堪忧，面临许多严峻的挑战。

（一）废弃

有的地坑院有主无人，常年空置，缺少维护。窑皮和院落内长满杂草，崖面剥落，窑壁上有各种裂缝，不及时维修，遇到雨季特别容易坍塌。在2003年9月的强降雨中，凡村多处地坑院坍塌，整个西张村镇地坑院就有600余孔窑洞倒塌。这种废弃的窑洞往往迅速走向衰败，使地坑院的消失速度进一步加快。(如图6-16至6-18)

图 6-16　坍塌的地坑院

图 6-17　废弃的地坑院

图 6-18 无人居住的地坑院

（二）填埋

填埋的窑洞分两种：一种是受政策的影响，比如"退宅还田"的土地政策，由于地坑院占地较多，被当地政府列入"退宅还田"项目之内。由政府主导，划定范围后，集中填埋。一种是村民自发填埋，这种情况往往填窑建房，在原有宅基地上建造平房。填院造房，退宅还田，使地坑院的数量在迅速减少，地下村庄正在一步一步走向消失。（如图6-19至6-21）

（三）开发利用

窑洞作为陕县黄土塬上的特有民居类型，引起了许多专家学者的注

图6-19 填埋地坑院建设平房

图 6-20　退宅还田

图 6-21　修建道路，填埋地坑院

意，也吸引了许多游客前来观光。近年来，结合地坑院民居，出现了多种形式的开发利用模式，比较典型的有两种。

第一种形式是农户自发开办农家乐。一些农户自发修复整理自家地坑院，结合蔬果采摘、农业观光，办成特色农家乐，形成新型服务产业。如西张村塬人马寨、窑头等。张汴塬上的曲村则由村委组织，结合农业开发项目，政府补贴一部分，村民出资一部分，对全村100多座地坑院进行整修，村落的道路、基础设施、绿化环境等也一并加以改善。整修后的地坑院，产权仍归村民所有，村委鼓励村民利用地坑院开展餐饮、住宿、观光等服务，创收增收。（如图6-22、6-23）

这种农家乐形式结合居住农户，在窑洞原有居住功能的基础上加以拓展，较多地保留了地坑院的使用方式，生活气息浓厚，可以提高当地农民收入，吸引原住民保留、保护地坑院。

第二种形式是开办地方特色旅游度假中心。外来资本介入，由实力较强的公司收购，集中进行旅游开发。如西张村塬的庙上村，张汴塬的北营村。

庙上村是陕县较早集中保护和开发利用的地坑院村落。庙上村位于陕县最大的黄土塬——西张村塬上，东临凤凰沟，向南可直达甘山国家森林公园。村里地坑院数量较多，保存较为完整。国家住建部首批公示的"中国传统村落"名录中，庙上村榜上有名，也是河南省16处入围村落之一。全村70多座地坑院，被统一收购，原有村民迁出，在村落东北、西北两块用地上统一规划、建设了新的居住用房——地上两层平房。原有的地坑院修复整理后，改作地方民俗、文化展览，还有一部分改作窑洞宾馆，为游人提供食宿服务，成为展示陕县地坑院的一个窗口。（如图6-24至6-27）

图 6-22　农户自发整修地坑院

图 6-23　利用地坑院，开办农家乐

图6-24 庙上天井窑院入口

图6-25 庙上天井窑院餐厅

图 6-26　十碗水席（崔双才　摄）

图 6-27　庙上穿山灶（崔双才　摄）

　　2016年5月1日，"陕州地坑院民俗文化园"开业，标志着以北营村为主的陕州地坑院景区正式投入运营。该景区以地坑院为载体，以民俗文化为灵魂，以独特的乡村自然地貌为背景，秉持"保护先行、协调开发、注重品牌、永续利用"的开发理念，规划面积5平方千米，计划总投资5.8亿元，建设生态观光区、核心旅游区、休闲度假区三大板块，集中展现地坑院悠久的历史传统，独特的建筑形式，深厚的文化底蕴，体现乡村的古朴魅力和传统韵味。其中的民俗文化园，是利用北营村原有的45座地坑院，并将其中22座地坑院用地道连在一起，每一座院都突出一个主题，有婚俗院、剪纸院、澄泥砚院、纺织院、农耕院等，集中

图 6-28　传统民俗表演（崔双才　摄）

展示陕州民俗文化风情。陕县政府力争通过3到5年的努力，把北营村建设成地坑院文化遗址国家公园、国家5A级旅游景区、中国传统建筑文化旅游目的地，使之成为集旅游观光、休闲度假、文化体验、娱乐商贸为一体的中国最美乡村。（如图6-28至6-31）

图6-29　小吃一条街

图6-30　文化园内小景（崔双才　摄）

图 6-31　陕州地坑院民俗文化园全景

　　另外还有结合农业产业转型做出的新尝试，如窑头村的影苑山庄，集农业种植、农产品加工与销售、餐饮住宿等于一体，2016年1月开业以来，吸引了大批游客。

　　这些针对地坑院的开发利用，有政府主导的，有农民自发的，有外来资本主导的，建设主体不同，其规模和影响力也有差别。他们的共同点在于重新审视窑洞建筑，重视传统地坑院的可持续发展利用，对于正在消亡的民居来说，这是一个重新焕发活力的机遇。

后　　记

　　结识陕县黄土窑洞，源于多年前秋日的一次田野调查。汽车下了连霍高速公路，沿陕州大道继续前行。一侧是高高的黄土平台，另一侧是丘陵，中间夹持着一块沿河的平地，就是三门峡市区了。位于三门峡市南边的黄土台就是陕县的黄土塬，海拔高度70米左右，边缘破碎，顶部平坦。从河谷平地看去，黄土台既非高大如山，也不是满眼青翠，不是十分显眼。

　　汽车来到黄土塬边，沿着公路盘旋而上。道路两侧夹持着壁立的黄土，有一种行驶在盘山道上的感觉。转眼到了塬面上，放眼望去，一马平川，一派平原景象。凉风习习，气温明显比塬下低。只见玉米金黄、辣椒火红，大豆粒粒饱、苹果个个圆，空气中弥漫着丰收的气息。进入村子，却是另一番景象。只见树木成荫，不见农舍成行，袅袅炊烟从地下升起。村中遍布的地下院落就是村民的生活所在。真是别具一格的塬上村落，名副其实的"地下四合院"。

　　平阔的黄土塬面上星罗棋布的地坑院像一幅美丽的图画深深地印刻在我的脑海里，它吸引着我走进窑洞，探索村民们用黄土建造民居的智慧。了解黄土窑洞的建造技术，一定要拜访当地经验丰富的工匠。工匠师傅被当地人称为"强人"，依照从事工种的不同分为土工、木工、砖瓦工等，好多工匠都是精通多个工种的能人。"强人"曹润才、李军让细说塬上村庄和院落是如何选址布局的，以及挖窑建房的地方风俗和仪式礼仪。工匠张朝阳师傅介绍了地坑院的建造时序和施工流程。土工师傅王来虎演示了挖院修窑的过程。木工师傅王冠生分析了门窗和室内家具的制作与窑洞空间如何匹配。砖瓦师傅加守祥讲授了地坑院砖瓦部分的修建要点和窑洞使用维护的注意事项。剪纸能手任孟仓老人展示了陕县剪纸的技巧，剪纸与窑洞和村民生活的紧密关系……这些工匠师傅是地坑院的实际建造者，也常常参与到院落和村子的设计规划中。窑洞的建造技术大多通过师父带徒弟和心口相传的方式在匠人中间交流、传承。随着窑洞建造数量的减少和老工匠的故去，这些传统的营造技艺濒临失传。地坑院建造技术的记录、整理、传承和发展成为迫在眉睫的问题。

和黄土塬上风景一样美丽的是这里的村民。他们热情好客，淳朴善良，世世代代辛勤耕作在黄土塬上，出入于地坑院中，是塬上村落最动人的风景。笔者在多次实地调研中，受到最多的帮助就来源于村民。不管是问路吃饭，还是了解村史乡情，村民都尽力提供帮助，令人感动不已。西张村镇人马寨的王红朝、水宝霞夫妇的家就是笔者在黄土塬上的"接待站"。他们经常招待前来走访的学者，为测绘实习的同学提供方便，多次作为向导和笔者深入三大塬考察窑洞……这样的深情厚谊，毕生难忘。

在本书的写作过程中，笔者得到了郑州大学诸多老师和同学的帮助。2007年和2008年笔者和建筑学院郑青、杨晓林老师先后带领2005级和2006级建筑学专业的共计80多名同学在庙上和凡村进行古建测绘实习，期间走访了数十个村落，留存了许多珍贵的一手资料。2008年5月，吕红医老师及其研究团队组织召开了"河南省陕县塬上村落民俗·民艺·民居国际研讨会"，笔者有幸参与并和不同学术领域的中外专家进行了广泛交流，受益匪浅。关于窑洞结构的问题有幸请教到土木工程学院的童丽萍老师。关于窑洞的构造技术，有机会受教于建筑学院的唐丽老师。唐老师的研究团队还帮助整理了构造技术的相关资料。书稿部分图片的整理工作由建筑学院2014级建筑学1班的陈珂欣、方圆两位同学完成。在此，对诸位老师和同学的帮助，表示诚挚谢意。

书稿的最后完成，得益于河南大学出版社靳开川主任的精心筹划，编辑巩永波和韩璐的督促与用心修改，还有美编高枫叶的精美装帧设计，在此一并表示感谢。另外，本书选用的一些图片、视频等素材，因多方面原因，未与相关创作团队或版权所有者取得联系，希望相关人员及时与作者本人或河南大学出版社联系解决。

由于作者水平有限，难免有疏漏错误之处，请诸位不吝指正。

黄黎明

2018年12月于郑州